www.lenos.ch

Florianne Koechlin
Denise Battaglia

Mozart und die List der Hirse

Natur neu denken

Lenos Verlag

Für die grosse Hilfe danken die Autorinnen Günter Spaar sowie Sally Bodoky, Gabrielle Chiarello, Christel Grünenwald, Klaus Lieber, Edith Peterhans, Marilise Rieder, Nadine Specchia, Hansjörg Stalder, Patrik Tschudin, Esther Völlmin, Claudia Weiss und Stephanie Zellweger.

Erste Auflage 2012

Satz und Gestaltung: Lenos Verlag, Basel
Umschlag: Anne Hoffmann Graphic Design, Zürich
Umschlagbild: Florianne Koechlin
Printed in Germany
ISBN 978 3 85787 424 6

Mozart und die List der Hirse
Natur neu denken

Inhalt

Vorwort

Pflanzen führen ein aktives Sozialleben. Sie haben Freunde und Feinde, sind liebevoll zu den Nächsten, bilden Allianzen, betreiben Vetternwirtschaft, sind futterneidisch, machen einander das Wasser streitig und verhalten sich abwehrend gegenüber Fremden. Unter dem Boden bilden sie umfangreiche Beziehungsnetze aus Wurzeln und Pilzen, über die sie Nährstoffe und Informationen austauschen. Und Weinreben reagieren auf gewisse Schallwellen, Mozart-Klänge zum Beispiel. Das zeigt neueste Forschung.

Auch die Beziehungsnetze von Tieren sind viel komplexer, viel differenzierter, als wir bislang dachten. Das zeigen Entdeckungen an unerwarteten Orten, wie bei Zebuherden im westafrikanischen Niger, in Schweizer Schlachthöfen oder bei Berggorillas in Ruanda und im Basler Zoo.

Neue Erkenntnisse füllen langsam die Leerstellen des ökologisch geprägten Weltbildes. Dieses beruht ja darauf, dass alles mit allem irgendwie vernetzt ist, nichts isoliert funktioniert und dass den Genen keineswegs die alles überragende Rolle bei der Steuerung von Lebensprozessen zukommt. In den letzten Jahren haben wir dank vorurteilsloser Beobachtungen und Experimente neue und faszinierende Einblicke in die unendlich komplexen und dynamischen Netzwerke bekommen, die Leben ausmachen.

Was aber bringt das Wissen, dass wir alle – Pflanze, Tier und Mensch – in koevolutionäre Prozesse eingebunden und in gegenseitigen Abhängigkeiten verstrickt sind? Was bedeutet dies konkret für die Landwirtschaft? Sie steht vor gigantischen Herausforderungen: Klimaextreme, endliche Ressourcen, erodierte Böden und wachsende Bevölkerungszahlen.

Das grosse Wüstenbegrünungsprojekt SEKEM in Ägypten zeigt eindrücklich, wie die konsequente Anwendung solcher Erkenntnisse aus Sand blühende Landschaften erschaffen kann – ohne Agrochemikalien und ohne Gentechnik. Doch vermögen ökologische Landwirtschaftssysteme auch die Weltbevölkerung zu ernähren, und sind sie ökonomisch konkurrenzfähig?

Bei unseren Gesprächen mit Expertinnen und Experten fielen immer wieder zwei Schlüsselbegriffe: Vielfalt und Beziehungsnetze. Vielfalt ist aber nicht von gestern auf heute entstanden. Sie hat sich entwickelt, über Millionen von Jahren. Es geht also auch um Evolution. Doch Evolution nur auf genetischer Ebene zu begreifen ist zu engstirnig. Evolution findet auf vielen verschiedenen Ebenen statt, und Beziehungsnetze spielen dabei eine grosse Rolle.

Giancarlo Cignozzi

Mozart für die Reben

Winzer Giancarlo Cignozzi und Biologe Stefano Mancuso haben festgestellt, dass Pflanzen auf Musik reagieren.

Früher war er Rechtsanwalt in Mailand. Heute ist Giancarlo Cignozzi Weinbauer in der Toskana. Doch ein normaler Winzer ist er nicht. »Viele Leute halten mich für verrückt«, weiss Cignozzi. Der Winzer baut nicht nur nach biologischer Methode Brunello di Montalcino an und verzichtet somit auf synthetische Schädlingsbekämpfungsmittel. Er lässt seinen Reben auch Musik zukommen. Mozart-Opern. Die hört der sechsundsechzigjährige ehemalige Advokat selbst am liebsten.

»Mozart in Vigna« – Mozart im Weinberg – steht auf dem Wegweiser aus Holz, der zu Giancarlo Cignozzis Weingut führt. »Il Paradiso di Frassina«, wie er sein Stück Land nennt, liegt auf einem sanften Hügel 250 Meter über Meer, fünf Kilometer vom Städtchen Montalcino entfernt. Oben angekommen, fällt einem als Erstes die liebliche Gegend auf, die für ihren Wein weltberühmt ist. Sie ist an diesem frühen Septembermorgen in zartes Rosa gehüllt. Montalcino scheint noch in tiefem Schlaf zu liegen. Doch plötzlich hört man, vom Wind zugetragen, eine hinreissende Stimme. Es ist die Stimme von Papageno. Die Reben auf dem Weinberg hören gerade *Die Zauberflöte.*

Seit über zehn Jahren schon berieselt Cignozzi auf seinem sechzig Hektar grossen Gelände fünfzig Prozent seiner Reben mit Musik. Von neun Uhr morgens bis neun Uhr abends. Jeden Tag, auch im Winter. Die Musik kommt aus siebzig wetterfesten, auf jeweils einen kleinen Ausschnitt gerichteten Lautsprechern, die zwischen den Reben oder entlang der äussersten Rebenreihen stehen. Die Outdoorboxen wurden vom US-amerikanischen Audiotechnik-Konzern Bose gesponsert. Die andere Hälfte des Weinbergs erhält keine Musikbehandlung.

Dem Wein scheint die Musik zu bekommen. Die beschallten Pflanzen seien kräftiger und entwickelten mehr Laub als jene ohne Musik, sagt Cignozzi. Vor allem aber seien die Trauben bis zu zehn Tage früher reif. Dies ist ein grosser Vorteil, denn je länger die Trauben brauchen, um auszureifen, desto höher ist die Gefahr, dass Temperaturschwankungen sie schädigen.

Man mag dies kaum glauben. Der Winzer, der von Frühsommer bis Herbst fast täglich in- und ausländische Besucherinnen und Besucher durch sein Weingut führt, hat sich an die Skepsis seiner Gäste gewöhnt. Er deutet auf zwei Rondelle, die etwa fünfzehn Meter auseinanderliegen und in denen je acht Pflanzen in identischer Erde wachsen. Sie sind seine Beweisstücke. Ein Rondell wird beschallt, das andere nicht. Der äussere Unterschied der Pflanzen fällt selbst einem botanischen Laien auf: Die »Mozart-Reben« sind deutlich weiterentwickelt und haben mehr Blätter als jene ohne Beschallung. Auffällig ist, dass die beschallten Weinreben sich regelrecht dem Lautsprecher entgegenstrecken, als ob er eine Lichtquelle wäre. Die Kontrollgruppe ohne Musik bietet im Vergleich einen geradezu traurigen Anblick: Sie ist nicht halb so hoch wie der »Mozart-Wein« und hat viel weniger Blätter.

Oben: Reben, die mit Mozart beschallt werden;
unten: Vergleichspflanzen ohne Beschallung

Als Cignozzi mit dem Musikprojekt begann, war es bloss so ein Gefühl: das Gefühl, seine Weinreben könnten bei Musik besser gedeihen. »Und falls die Musik nichts bewirken würde, dachte ich, kann zumindest ich bei der Arbeit Mozart geniessen.« Nun hat er den doppelten Genuss: guten Wein und schöne Musik.

Im Weinkeller des tausendjährigen Gutshofs, den Cignozzi halb zerfallen übernommen hatte und restaurieren liess, lädt er zur Weindegustation. Hier stehen riesige Eichenfässer, in denen der berühmte Brunello di Montalcino zweieinhalb Jahre lang lagert. Einen jüngeren Brunello, der nur ein Jahr im Eichenfass ruhte, hat Cignozzi nach seiner jüngsten Tochter benannt, die wiederum den Namen der griechischen Muttergöttin trägt: Gea. Cignozzi ist, obwohl einst Anwalt, kein Mann der grossen Worte. Auf die Frage, ob man den Mozart in seinem Wein schmecke, antwortet er unwirsch: »Nein, das ist Unsinn.« Trotzdem sind auf allen Weinetiketten Musiknoten abgebildet. Cignozzis Markenzeichen. 2010 hat Cignozzi seine Autobiographie veröffentlicht: *L'uomo che sussurra alle vigne (Der Weinflüsterer).*

»Nein, das ist kein Werbegag, und Cignozzi ist nicht verrückt«, antwortet Stefano Mancuso, Pflanzenelektrophysiologe an der Universität Florenz, auf die entsprechende Frage. »Natürlich können Pflanzen nicht hören. Sie haben keine Ohren.« Aber ihre Zellmembranen – also die Hüllen um die Zellen der Pflanzen – sind sehr empfindlich. Die Pflanzen hören nicht die Töne, können nicht wie wir die Arie von Papageno geniessen. »Sie nehmen aber den Schall wahr, die durch die Musik ausgelösten Vibrationen«, erklärt Mancuso.

Stefano Mancuso mit einer Maiswurzel, seinem wichtigsten Untersuchungsobjekt

Seit fünf Jahren begleitet der Wissenschaftler das Musikexperiment auf dem Montosoli-Hügel. Dass sich der Biowinzer gerade an diesen Professor wandte, hatte seinen Grund: Auch Mancuso gilt – unter Wissenschaftlern – bei vielen als »verrückt«. Er betrachtet Pflanzen nicht wie viele seiner Zunft als Roboter, die nur einem (genetischen) Programm folgen und auf den gleichen Reiz immer gleich reagieren. Mancuso ist vielmehr überzeugt, dass Pflanzen eine Art von Intelligenz besitzen. Sie können Probleme lösen und gezielt auf Umweltsignale antworten.[1] Gemeinsam mit dem Zellbiologen František Baluška in Bonn erforscht er Pflanzen – speziell die Pflanzenwurzeln, »ein Universum«, wie Mancuso sagt.[2] Er und Baluška konnten nachweisen, dass in Pflanzen elektrische Signale zirkulieren, die nach einer

Verletzung der Pflanze besonders gut messbar sind. Beide Biologen sind überzeugt, dass Pflanzen diese elektrischen Impulse, sogenannte Aktionspotentiale, nutzen, um intern Informationen weiterzuleiten. Auch Tiere und Menschen nutzen Aktionspotentiale zur Informationsübermittlung in Nervenzellen.[3]

Dass Pflanzen diese gebrauchen, ist für Mancuso und Baluška so überraschend nicht. Eine Pflanze könne an die zwanzig physikalische und chemische Grössen registrieren, wie etwa Licht, Schwerkraft, Duftstoffe und auch Schallwellen.[4] Auf diese Informationen könne die Pflanze gezielt antworten, indem sie zum Beispiel ihr Wachstum verändere, mehr Blätter entwickle oder in eine andere Richtung wachse.[5] Dazu sei ein schnelles Informationssystem nötig. Die Aktionspotentiale von Pflanzen seien zwar viel langsamer als jene von höheren Tieren, in der Geschwindigkeit aber vergleichbar mit denjenigen von Quallen oder Würmern.

Stefano Mancusos Institut liegt etwa sechs Kilometer ausserhalb von Florenz in einem trostlosen, von Unkraut überwucherten Gewerbeareal. Ein Dutzend Wissenschaftlerinnen und Wissenschaftler aus dem In- und Ausland arbeiten in dem unscheinbaren zweistöckigen Institut, das der Universität Florenz angeschlossen ist. Auf dem Tisch im kleinen, engen Büro von Stefano Mancuso stapeln sich Papier und Bücher. An der Wand hängen ein Plakat mit Darwins bärtigem Konterfei, eine Orchideentafel und ein Blumenbild. Mancuso, in weissem Hemd, Bluejeans und Sandalen, scheint bestens gelaunt, ist gesprächig und erklärt – auch mittels rasch hingekritzelter Pflanzenwurzeln – das Mozart-Projekt.

Parallel zum Feldversuch auf dem Weinberg untersucht Stefano Mancuso im Labor die Wirkung von Schallwellen auf Pflanzen. Zum Beispiel stellte er junge Maispflanzen in transparente Behälter, um die Reaktion der Pflanze auf die Schallwellen beobachten respektive filmen zu können (a). Dann platzierte er rechts neben den Pflanzenwurzeln einen Lautsprecher. Dieser sandte zuerst einen tiefen Ton, zwischen 200 und 500 Hertz, aus. Die Reaktion der Pflanze: Die Wurzeln wuchsen in der Folge im rechten Winkel zur Schallquelle hin und nicht mehr senkrecht nach unten (b). Das Umgekehrte passierte bei hohen Tönen mit Frequenzen über 1000 Hertz: Die Wurzeln bewegten sich von der Schallquelle weg (c).

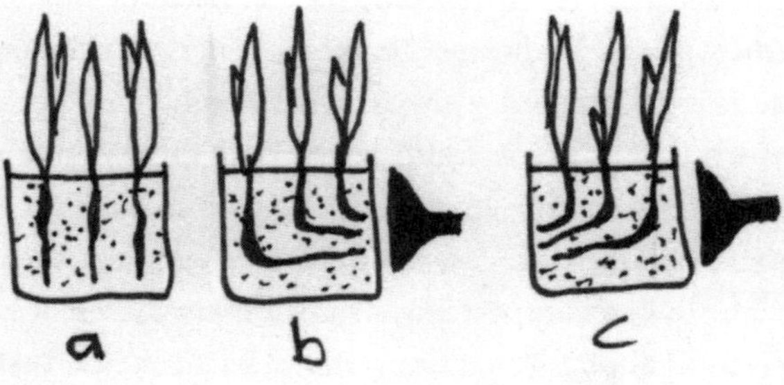

»Diese Verbiegung nach rechts oder links ist erstaunlich, müssen die Wurzeln doch die Gravitationskraft überwinden, die sie nach unten zieht«, betont Mancuso. Bei sehr hohen Frequenzen reagierten die Wurzeln übrigens nicht – sie schienen diese nicht wahrzunehmen. Kann man also sagen, dass Pflanzen hohe Frequenzen nicht mögen? »Nein«, erwidert Mancuso. »Man kann bloss feststellen, dass sich die Wurzeln bei hohen Frequenzen anders verhalten als bei tiefen.« Dazu komme, dass sowohl die Laborversuche als auch jene im Weinberg wiederholt werden müssten, bevor man wissenschaftlich etwas darüber aussagen könne, wie Pflanzen auf Musik reagierten. Sicher belegen könne man derzeit nur: »Pflanzen nehmen Schall wahr.« Unsere Sprache oder auch Musik seien stark genug, um Pflanzenmembranen zu reizen. »Die Frequenz der Töne kann Einfluss auf das Wachstum haben, auch wenn das manche Wissenschaftler nicht gerne hören.« Mancuso betont aber immer wieder, dass die Pflanzen nicht die Musik wahrnehmen. Sie erfassen allein die Vibrationen. Eigentlich wäre es ihm lieber gewesen, Cignozzi hätte seine Reben ständig demselben Ton, zum Beispiel 200 Hertz, ausgesetzt. Doch der Winzer habe Ärger mit den Nachbarn befürchtet, er hätte sie damit vermutlich in den Wahnsinn getrieben. Über Mozarts Opern habe sich jedoch noch niemand beschwert.

Auch wenn die ersten Ergebnisse noch einmal überprüft werden müssen, haben sowohl der Winzer als auch der Wissenschaftler bemerkt, dass die Reben, die auf dem Weingut mit Musik beschallt werden, sich besser entwickeln als jene ohne Beschallung. Auch die Trauben scheinen von besserer Qualität zu sein.

Nicht nur Pflanzen, auch Insekten nähmen den Schall offenbar wahr. Die Reben, die mit Mozart-Klängen berieselt werden, würden deutlich weniger von Schädlingen befallen als jene ohne Musik, sagt Mancuso. Allerdings hielten sich auch mehr Nützlinge von den beschallten Reben fern. »Die Vibrationen scheinen die Insekten zu verwirren.« Er vermutet, dass Männchen und Weibchen nicht mehr miteinander kommunizieren und sich somit nicht fortpflanzen könnten.

Wissenschaftler der Universität Pisa untersuchen nun die Auswirkungen der Musik auf Insekten.[6]

Doch warum können Pflanzen den Schall wahrnehmen, und wozu nutzen sie diese Signale? Mancuso nimmt an: »Pflanzen, die ständig von Vibrationen, also mechanischen Reizen, im Boden umgeben sind, nutzen diese, um etwas über die Qualität und Bodenbeschaffenheit zu erfahren, zum Beispiel, ob Wasser vorhanden ist oder sich ein physisches Hindernis in der Nähe befindet.« Erstaunlich sei, dass die Pflanzen diese Vibrationen nicht nur wahrnehmen können. »Sie interpretieren sie auch und antworten auf sie, zum Beispiel, indem die Maiswurzel ihre Wuchsrichtung ändert.« Das bedeute, dass Pflanzen über ein Erinnerungsvermögen verfügen und aus Erfahrungen lernen können.[7]

Das Erinnerungsvermögen und das Erfahrungs»wissen« von Pflanzen sind wichtige Bestandteile der Forschung des Florentiner Biologen. Er führt uns durch das Gewächshaus seines Instituts und deutet auf die Venusfliegenfalle, deren Fangmechanismus sein Team untersucht. Die fleischfressende Pflanze ernährt sich von Insekten und Spinnen. Sie fängt ihre Nahrung, indem sie ihre Fangblätter, auf denen ein Insekt krabbelt, innerhalb von gerade mal 100 Millisekunden, also 0,1 Sekunden, zusammenklappt. Das ist eine der schnellsten bekannten Bewegungen in der Pflanzenwelt. Die Venusfliegenfalle klappt die Blätter aber erst zu, wenn das Insekt die Fühlborsten, feine Härchen auf dem Fangblatt, innerhalb von vierzig Sekunden mindestens zweimal berührt hat. Der doppelte Reiz ist sozusagen eine eingebaute Energiesparmassnahme: Würden die Fangblätter schon bei der ersten Berührung zuklappen, wäre dies ein zu grosser Energieverlust. Das Insekt könnte wieder weggeflogen sein. Für Stefano Mancuso ist dieser doppelte Reiz ein »schönes Beispiel dafür, dass sich Pflanzen erinnern können«: Die Venusfliegenfalle erinnere sich an eine Berührung, die bis zu vierzig Sekunden zurückliegt. Seine bisherigen Untersuchungen hätten bestätigt: »Pflanzen können aus Erfahrungen lernen und fällen Entscheidungen über ihr weiteres Vorgehen.«[8]

Pflanzen sind zu Entscheidungen fähig – ist das nicht eine etwas gewagte Aussage? Mancuso lächelt vieldeutig und zeigt einen Film auf seinem Computer: Eine Kletterpflanze, eine Bohne, in einem Topf sucht Halt – eine Stange ist etwa dreissig Zentimeter von ihr entfernt. Der Zeitraffer zeigt, wie die Bohne versucht, die Stange zu erreichen. Sie kreist und kreist um die eigene Achse und versucht, jeweils mit zusätzlichem Druck an die Stange heranzukommen. Offensichtlich »weiss« sie genau, wo sich die Stange befindet – ein Beispiel dafür, dass Pflanzen in der Lage sind, ihre Umgebung wahrzunehmen. Doch die Bohne kann ihr Ziel nicht erreichen, die Stange steht zu weit weg. Fast tut sie einem leid. Plötzlich stoppt sie abrupt ihre Kreisbewegungen. Sie steht augenblicklich aufrecht und bewegt sich nicht mehr. »Seither weiss ich«, sagt Mancuso, »dass Pflanzen fähig sind, Entscheidungen zu treffen.« Diese Filmaufnahme sei für ihn als Biologen die bisher grösste und zugleich schönste Erkenntnis gewesen.

Die Reben von Giancarlo Cignozzi »hören« den ganzen Tag lang
Mozart: Bose-Lautsprecher im Weinberg

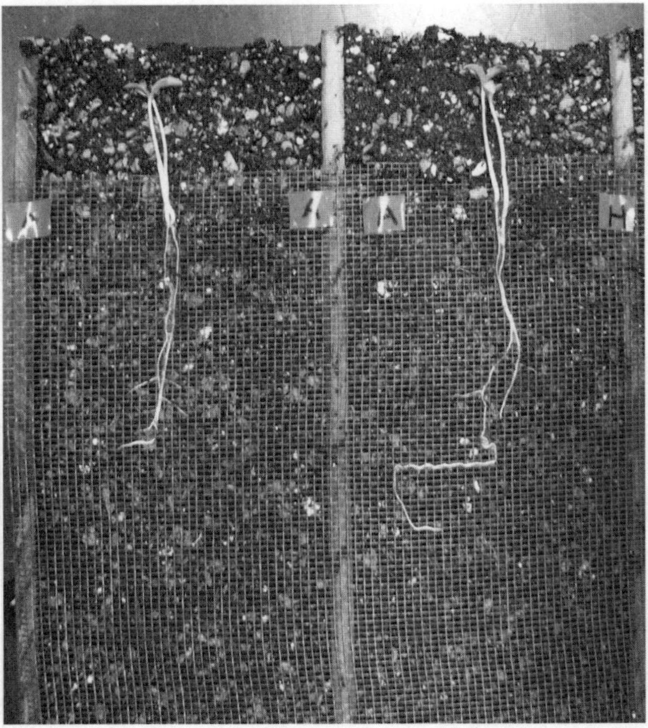

Nordamerikanischer Meersenf *(Cakile edentula)*: Die beiden Pflanzen links sind »Verwandte«, die beiden Pflanzen rechts sind nicht verwandt, sie sind »Fremde«. Die »fremden« Pflanzen bilden mehr und verzweigtere Wurzeln aus

Das versteckte Sozialleben der Pflanzen

Pflanzen beschützen Familienangehörige, verhalten sich abwehrend gegenüber Fremden und können zwischen Selbst und Nichtselbst unterscheiden, sagt Evolutionsbiologin Susan Dudley.

Der Teufelszwirn *(Cuscuta)* ist ein Profiteur. Er produziert keine eigenen Nährstoffe und bildet keine Wurzeln aus. Er schmarotzt bei anderen Pflanzen. Seine Opfer sucht er gezielt aus. Hat er eines entdeckt, umwindet er die Pflanze mit seinem dünnen Stängel, dringt mit seinen Saugnäpfchen in sie ein und nimmt ihren zuckerreichen Saft auf. Doch wie findet der Teufelszwirn die beste, die saftigste Wirtspflanze? Er erkennt sein Opfer an dessen Geruch.[9] Gleich nach der Keimung bewegt sich sein fadenartiger, weisslicher Stängel suchend nach einem Wirt durch die Luft, hin und her. Der Teufelszwirn riecht, ob vor ihm ein unattraktiver Weizenhalm oder eine begehrte Tomate steht. Doch selbst bei der Tomate ist er noch wählerisch: Verletzte oder kranke Tomaten verschmäht der Teufelszwirn; er ist fähig, die Duftstoffe verletzter Tomaten zu entschlüsseln, und sucht sich nur gesunde und kräftige Pflanzen. Hat er erst einmal sein knackiges Opfer erschnüffelt, wächst er schnell und mit erstaunlicher Präzision darauf zu. Dies berichtet Consuelo De Moraes von der Pennsylvania State University.[10, 11, 12]

Pflanzen reagieren auf Musik, Pflanzen können riechen, Pflanzen fällen Entscheidungen – all diese Fähigkeiten hatten sie bislang allenfalls in der Märchenwelt. In der Realität betrachten immer noch viele Wissenschaftler Pflanzen als

Susan Dudley

eine Art lebende Reflexmaschine. Denken wir an Pflanzen, sehen wir vielleicht ein einsames Mauerblümchen und stellen uns vor, dass dieses allein und verlassen dahinvegetiert. Welch ein Irrtum! Sieht man genau hin, entdeckt man: Pflanzen plaudern unter und über der Erde rege miteinander und sogar mit Insekten.[13] Sie führen ein aktives Sozialleben. Sie haben Freunde und Feinde, sie mögen Geselligkeit, sind liebevoll zu den Nächsten, bilden Allianzen, betreiben Vetternwirtschaft, sind futterneidisch, machen einander das Wasser streitig und verhalten sich abwehrend gegenüber Fremden. Zudem unterhalten sie vielfältige Beziehungen zu Insekten und Vögeln, zu Pilzen, Bakterien und anderen Mikroorganismen.

Die Evolutionsökologin Susan Dudley von der McMaster-Universität in Hamilton, Kanada, erforscht das reichhaltige Sozialleben der Pflanzen. Sie und ihr Team konnten zeigen, dass Pflanzen fähig sind, nahe Verwandte innerhalb der eigenen Art zu identifizieren, und dass sie sogar Familienangehörige gegenüber Nichtverwandten beschützen und bevorzugen.[14] »Lange Zeit dachten wir, die Pflanzen sind einfach nur da. Doch sie können sich viel besser verteidigen, als wir annahmen, und ihre Umgebung kreieren: Es zeigt sich, dass sie durch chemische Kommunikation eine gewisse Kontrolle darüber haben, was um sie herum passiert«, bringt Dudleys Mitarbeiterin Meredith Biedrzycki die Erkenntnisse über das Sozialleben der Pflanzen im Fachblatt *New Scientist* auf den Punkt.[15]

Susan Dudley, Sie sagen, dass Pflanzen ihre Geschwister erkennen können. Wie fanden Sie dies heraus?
»Das konnten wir anhand von Experimenten mit dem Springkraut *(Impatiens pallida)* zeigen. Diese Pflanze kommt sowohl in Wäldern in Kanada wie auch in Europa häufig vor. Wir haben zweimal vier Setzlinge nahe beieinander in je einen Topf gesetzt. Die vier Setzlinge im einen Topf waren nicht miteinander verwandt, wir nannten sie die ›Fremden‹. Die vier Setzlinge im zweiten Topf stammten alle von derselben Mutterpflanze ab, waren also Geschwister. Wir nannten sie die ›Verwandten‹. Wir konnten beobachten, dass ein Springkraut, das neben ›Fremden‹ aufwächst, seine Wurzeln sehr schnell wachsen lässt. Wächst das Springkraut hingegen neben ›Verwandten‹ auf, investiert es weniger Energie in das Wurzelwachstum, es geht viel langsamer voran.«
Das Springkraut ist also gegenüber Familienmitgliedern kooperativer, es teilt mit ihnen Ressourcen wie Wasser oder Nährstoffe. Hat es dagegen »Fremde« in der Nachbarschaft, findet ein Wettkampf um die Ressourcen statt.
»Wir nehmen an, dass dem so ist. Auch über der Erde verhielten sich die Pflanzen unterschiedlich: Wuchs das Spring-

kraut unter ›Fremden‹ auf, kämpfte es gegen diese um das Sonnenlicht. Das Springkraut investierte viel Energie in die Produktion von Blättern und war von kleinerem Wuchs. Hatte das Springkraut aber ›Verwandte‹ als Nachbarn, gab es wenig Konkurrenzkampf um das Sonnenlicht: Dieses Springkraut bildete kleinere Blätter aus, wuchs höher und war auch verzweigter als das Springkraut, das sich gegen ›Fremde‹ durchzusetzen versuchte.«

Pflanzen nehmen tatsächlich Rücksicht auf »Verwandte« und kämpfen gegen »Fremde«?

»Ja. Interessant war, dass wir diese unterschiedlichen Effekte nur beobachten konnten, wenn die Wurzeln sich berührten. Wuchsen die Pflanzen zwar nahe beieinander, aber in getrennten Töpfen, konnten wir keine Unterschiede feststellen. Es muss also eine Art Kommunikation zwischen den Wurzeln stattgefunden haben. Wurzeln, das wissen wir seit einiger Zeit, scheiden Signalstoffe aus, um miteinander zu kommunizieren.«

Kennt man das Vokabular, das Pflanzenwurzeln für ihre Untergrundkommunikation verwenden? Wissen Sie, anhand welcher Signalstoffe sie einander erkennen?

»Nein, das wissen wir noch nicht. Pflanzenwurzeln sondern sehr viele Signalstoffe in ihre Umgebung ab, wie Phenole, Flavonoide, auch organische Säuren oder gar Proteine.[16] Für uns sind die Signalstoffe wie eine Fremdsprache. Wir können zwar erkennen, dass Pflanzen miteinander kommunizieren, verstehen aber ihre Sprache nicht, können sie nicht entziffern. Es ist vergleichbar mit meiner Situation in Taiwan, wo ich zurzeit für ein paar Monate forsche. Um mich herum gibt es unzählige Informationen, die ich nicht entschlüsseln kann, weil ich kaum ein chinesisches Wort kenne. Auch bei den Pflanzen kenne ich die Zeichen nicht. Im Moment wissen wir erst, dass die Signalstoffe wasserlöslich und flüssig sind.«

Könnten Ihre Beobachtungen mit dem Springkraut nicht auch Zufall sein? Die Zusammensetzung der Topferde oder andere Umweltfaktoren haben vielleicht diese Unterschiede verursacht.

»Gerade solche Effekte wollten wir mit einem zweiten Versuch ausschliessen. Dazu benutzten wir wildwachsende Ackerschmalwand *(Arabidopsis).* Wir kultivierten die Pflanzensetzlinge in Gefässen mit einer sterilen Lösung. Wir wussten, dass die Wurzeln der Ackerschmalwand chemische Signalstoffe in diese Lösung abgeben. Nach sieben Tagen nahmen wir die Setzlinge heraus. In die einen Gefässe setzten wir dann ›Verwandte‹ der Ackerschmalwand, in die anderen Gefässe ›Fremde‹. Alles, was die ›Verwandten‹ und die ›Fremden‹ in der Flüssigkeit vorfanden, waren die Signalstoffe der Vorgängerpflanze. Erneut konnten wir signifikante Unterschiede beobachten: Die Wurzeln der ›Verwandten‹ verzweigten sich nicht, sie wuchsen nach unten, in die Länge. Die Wurzeln der ›Fremden‹ wuchsen schneller und entwickelten viele Seitenwurzeln, als ob sie sich gegen Konkurrenten durchsetzen müssten. Es scheint, als ob die Pflanzen kompetitiv werden, sobald sie die fremden Signale erkennen. Sie versuchen, Mineralstoffe und Wasser von ihren fremden Nachbarn zu ergattern.«

Können alle Pflanzen ihre Familienmitglieder erkennen?

»Das wissen wir nicht. Vieles deutet darauf hin, dass Pflanzen ganz unterschiedlich reagieren können. Einige investieren mehr ins Wurzelwachstum, wenn ›Fremde‹ mit im

Topf sind, wie wir gesehen haben. Andere reagieren genau umgekehrt: Sie lassen mehr Wurzeln wachsen, wenn ›Verwandte‹ mit im Topf sind. Wieder andere zeigen Wachstumsveränderungen über dem Boden. Es ist ein hochkomplexes und differenziertes Verhalten, wir wissen erst sehr wenig darüber.«[17, 18]

Pflanzen können nicht nur die Identität anderer Pflanzen wahrnehmen, sie sind auch fähig, zwischen Selbst und Nichtselbst zu unterscheiden. Ein Beispiel: Wurzeln einer Erbsenpflanze kommen einander nicht zu nahe; sie konkurrieren nicht miteinander. Wird aber eine Erbsenpflanze in einem Topf der Länge nach in zwei Teile geschnitten, so dass zwei genetisch identische Pflanzen entstehen, erkennen die Wurzeln der einen Pflanze jene des »Zwillings« bald als Nichtselbst: Die Pflanze bildet plötzlich mehr und längere Wurzeln aus, die nun auch in den Bereich des »Zwillings« hineinwachsen.[19] Die Fähigkeit der Wurzeln, zwischen Selbst und Nichtselbst zu unterscheiden, konnte auch bei Erdbeere, Ambrosie und Büffelgras nachgewiesen werden. Wie Pflanzen diese Unterscheidungen zu treffen vermögen, ist den Forschern bislang ein Rätsel.

Einige Pflanzen können auch erkennen, ob ihre Nachbarinnen der eigenen oder einer anderen Art angehören. Amanda Broz von der Colorado State University hat in einem Gewächshaus einen Flohknöterich *(Persicaria maculosa)* aufgezogen – einmal allein, einmal zusammen mit Idaho-Schwingel *(Festuca idahoensis).* Dann simulierte die Forscherin mit Duftstoffen einen Schädlingsangriff. Die Antwort des Flohknöterichs auf die Attacke hing von der Nachbarschaft ab: Bestand sie ebenfalls aus Flohknöterichpflanzen, produzierte er in den Blättern Toxine zur Abwehr. Befand er sich jedoch in der Gesellschaft des Idaho-Schwingels, investierte er seine Energie in das Blatt- und Stängelwachstum und nicht in die Herstellung von Toxinen. Das sei durchaus sinnvoll, schreibt Broz: Der Flohknöterich überlasse die Abwehr dem Idaho-Schwingel und konzentriere sich auf aggressives Wachstum. Diese Strategie erkläre vermutlich auch die erfolgreiche Verbreitung des Flohknöterichs.[20]

Ein fast unglaubliches Zusammenspiel zweier ganz unterschiedlicher Pflanzenarten konnte Jarmo Holopainen von der Universität Ostfinnland in Kuopio beobachten: Hängebirkenwälder in nordskandinavischen Berggebieten werden im Herbst oft von Schwärmen von Rüsselkäfern *(Polydrusus flavipes)* heimgesucht. Holopainens Gruppe beobachtete, dass sich einige dieser Hängebirken *(Betula pendula)* besonders gut gegen die Insekten zur Wehr setzen können, und zwar dann, wenn in ihrer Nachbarschaft ein Rhododendron *(Rhododendron tomentosum)* wächst. Die Forscher stellten fest, dass diese besonders wehrhaften Hängebirken ein klebriges Gemisch aus chemischen Duftstoffmolekülen absondern. Dieser Duftstoffcocktail vertreibt die Insekten wirksam, kommt aber normalerweise nicht auf Hängebirkenblättern vor.[21, 22] Es ist die Feindabwehr des Rhododendrons. Die Hängebirken absorbieren die Düfte ihrer Nachbarn und geben sie über ihre eigenen Blätter wieder ab. Eine raffinierte Strategie. Dasselbe Parfumgemisch schützt die Hängebirke offenbar auch gegen die Blattlaus. Dass die Hängebirke zur Abwehr von Feinden einfach den Duft des Rhododendrons kopiert hat, scheint Jarmo Holopainen selbst beeindruckt zu haben. Das sei, sagt er, »ein gutes Beispiel dafür, dass bei der Erforschung ökologischer Auswirkungen mehr von der Sicht einer Pflanzengemeinschaft als von der Sicht einer einzelnen Pflanze ausgegangen werden sollte«.[23]

Pflanzen kommunizieren auch mit Insekten. Dass sie Frassfeinde erkennen und manchmal auch identifizieren können, ist seit einigen Jahren bekannt. So »weiss« zum Beispiel die Limabohne *(Phaseolus lunatus),* deren Kommunikationsfähigkeiten am Max-Planck-Institut für chemische Ökologie in Jena erforscht werden, nicht nur, dass sie von Schädlingen angegriffen wird, sondern auch von wem (vgl. auch *PflanzenPalaver,* S. 47). Ist der Angreifer eine Spinnmilbe, lockt sie mit einem Duft Raubmilben herbei, welche die Spinnmilben fressen. Wird sie hingegen von Raupen befallen, lockt sie mit einem etwas anderen Duftstoffgemisch Schlupfwespen an, welche die Raupen parasitieren. Doch wie erkennt die Limabohne, wer an ihr frisst? Sie »schmeckt« am Speichel, wer sie gerade angreift, und produziert darauf das Parfumgemisch, das den entsprechenden »Bodyguard« anzulocken vermag.

Es gibt Pflanzen, die ihre Feinde sogar identifizieren, lange bevor der Frassschaden eingetreten ist. Monika Hilker und Torsten Meiners von der Freien Universität Berlin konnten zeigen, dass der Rosenkohl seinen grossen Fressfeind, den Kohlweissling, bereits erkennt, wenn dieser seine Eier auf die Blätter legt und sie festklebt. Der Rosenkohl nimmt eine Komponente des Klebstoffes, Benzylzyanid, wahr und verändert darauf seine Blattoberfläche. Damit lockt er die auf Insekteneier spezialisierten Schlupfwespen an. Diese legen ihre Eier in jene des Kohlweisslings. Die

Schlupfwespenlarven fressen die Schmetterlingseier auf und befreien so den Rosenkohl von seinem Feind.[24, 25] Auch andere Pflanzen erkennen Schädlinge bereits bei der Eiablage. Eine bestimmte Erbsensorte zum Beispiel bildet nach der Eiablage eines Feindes kleine Pusteln, die alsbald mitsamt den darauf festgeklebten Eiern abgeworfen werden. Kohl- und Kartoffelpflanzen wiederum faulen an der Eiablagestelle, so dass die schlüpfenden Larven sich mangels Nahrung nicht entwickeln können und oft verhungern. Und Tannen verströmen, drei Tage nachdem ein Schädling seine Eier auf den Nadeln abgelegt hat, »SOS«-Duftstoffe, die parasitäre Wespen anziehen.

Noch steht die Forschung über das Beziehungsnetz von Pflanzen ganz am Anfang. Doch immer mehr Befunde zeigen: Pflanzen sind regelrechte Networker.[26] Sie kooperieren zum Beispiel über ihre Wurzeln mit Pilzfäden, wie der Basler Biologe Andres Wiemken im nächsten Kapitel erläutert. Diese noch weitgehend unbekannte Welt der Pflanzen-und-Pilz-Gemeinschaften sei so etwas wie ein »unterirdisches Internet« von noch ungeahnter Dimension, meldete Mitte 2011 auch die Wissenschaftszeitschrift *New Scientist.*

Hirse und Flachs nach acht Wochen: rechts mit Mykorrhizapilzen, links ohne

Hirse füttert Flachs

Pflanzenwurzeln und Pilze tauschen gegenseitig und untereinander Nährstoffe aus. »Geht da auch alles gerecht zu?«, fragt sich Biologe Andres Wiemken.

»Voilà.« Andres Wiemken legt ein Foto auf den Schreibtisch. Darauf sind zwei Töpfe abgebildet, in denen je eine Flachs- und eine Hirsepflanze zusammen wachsen. Im rechten Topf ist die Flachspflanze mehr als doppelt so gross wie jene im linken Topf. Auch die Hirse ist ein bisschen grösser. Und dies, obwohl die Pflanzen in beiden Töpfen in gleicher Erde wachsen und gleich viel Wasser und Nährstoffe erhalten haben. Ist der Grössenunterschied Zufall? »Nein«, sagt der Botanikprofessor von der Universität Basel, »der Grund für den Unterschied sind Pilzgeflechte.«

Im Topf rechts sind Mykorrhizapilze in der Erde, im anderen Topf gibt es keine. In beiden Töpfen wurde in der Mitte zwischen den Pflanzen eine feinmaschige Membran in die Erde eingelassen, damit sich die Wurzeln nicht berühren. »Für die Pilzfäden jedoch ist die Membran durchlässig«, erklärt Wiemken. »Diese sind so dünn, dass man sie mit blossem Auge nicht sieht.«

Der Botaniker untersucht mit seinem Team Mykorrhizapilze. Praktisch alle Landpflanzen leben unter natürlichen Bedingungen in einer Symbiose mit unterirdischen Pilzgeflechten.[27] Fossilienfunde weisen darauf hin, dass diese Symbiose vermutlich eine Voraussetzung dafür war, dass die Pflanzen vor etwa 500 Millionen Jahren aus dem Wasser ans Land

Andres Wiemken

kommen konnten. *Mykorrhiza* heisst auf Griechisch »Pilzwurzel« und bezeichnet das aus der Symbiose entstehende »Organ«, das Produkt aus dem Zusammenspiel von Pflanzenwurzel und Pilzfaden. Unter der Erde, erklärt Wiemken und deutet auf den rechten Topf, gebe es ein dichtes Geflecht aus Pilzfäden, die auch die Wurzeln der beiden so ganz verschiedenen Flachs- und Hirsepflanzen miteinander verbinden. Die Mykorrhizapilze führen dem Flachs und der Hirse Nährstoffe aus dem Boden zu – vor allem Phosphat, aber auch Stickstoff und andere Mineralstoffe. Die Pflanzen ihrerseits beliefern die Pilze mit Kohlenhydraten, die sie mittels Photosynthese produzieren, wie zum Beispiel Zucker. »Mit unserem Versuch wollten wir noch mehr über den gegenseitigen Austausch herausfinden«, erläutert Wiemken. »Wir fragten uns: Geht da auch alles gerecht zu? Erhalten in einer Pflanzengemeinschaft jene Pflanzen, die viel in das gemeinsam betriebene und genutzte Pilzgeflecht im Boden investieren, auch entsprechend viel von den Pilzen zurück und die anderen, die weniger investieren, entsprechend weniger?«

Hirse und Flachs sind zwei landwirtschaftlich genutzte Pflanzen – das war Agronom Andres Wiemken wichtig. Doch die beiden haben eine etwas unterschiedliche Art, Photosynthese zu betreiben. Bei viel Sonnenlicht und Trockenheit ist die Hirse effizienter.[28] Mit einer speziellen Nachweismethode – der Isotopenuntersuchung – kann man die von der Hirse photosynthetisch gewonnenen Kohlenhydrate von denjenigen des Flachses unterscheiden.[29] Wiemkens Team untersuchte, von wem die Pilzfäden ihre Kohlenhydrate beziehen: von der Hirse oder vom Flachs? Das überraschende Resultat: Rund achtzig Prozent der Kohlenhydrate in der Pilzbiomasse stammten von der Hirse. »Die Hirse baut das Pilznetz auf, und der Flachs profitiert am meisten davon«, erklärt Andres Wiemken. »Man könnte sagen: Die Hirse füttert den Flachs.« Dank dieser Kooperation werde eine Flachspflanze neben einer Hirsepflanze fast doppelt so gross wie ohne Pilzgeflecht. Und was bekommt die Hirse? »Auch sie erhält von den Pilzen Nährstoffe aus dem Boden, also Phosphat und Stickstoff. Ob sie noch einen anderen Profit daraus zieht, wissen wir nicht.«

Mykorrhizen sind Andres Wiemkens Passion. Der Forscher spricht voller Respekt von den Wundern der Pflanzenwelt, von diesem imponierenden Zusammenspiel von Pflanzen und Pilzen. Wir sitzen in der Bibliothek des Botanischen Instituts der Universität Basel. In Andres Wiemkens kleinem Büro hätten keine zwei Personen Platz, auf Tischen, Stühlen und auf dem Boden türmen sich riesige Stapel von markierten Artikeln und Büchern. Er sei vor kurzem von einem Feldbesuch aus Indien zurückgekommen, da sei vieles liegengeblieben, erklärt er entschuldigend.

Andres Wiemken zieht einen Schreibblock aus einem Stapel und erklärt: »Ein Mykorrhizapilz wächst mit seinen Fäden, den Hyphen, in eine Zelle der Pflanzenwurzel hinein. Die Zellwand löst sich an einer Stelle auf, so dass der Pilz ins Innere der Zelle gelangen und sich dort sogar verzweigen kann, ohne dabei die dünne Zellmembran zu verletzen. Diese stülpt sich ein und umhüllt den Pilz.« Wie das aussieht, veranschaulicht der Professor mittels einer kleinen Zeichnung: wie ein umgestülpter Handschuh.

Entlang dieser dünnen »Schläuche« findet der Stoffaustausch zwischen Pflanzenzelle und Pilzfaden statt: Nährstoffe für die Pflanze und Kohlenhydrate für den Pilz. Die Pilzfäden gelangen von der Wurzelzelle nach aussen in die Erde und bilden dort ein weitverzweigtes Netz, um grossräumig Nährstoffe aufnehmen zu können. Die Pilzfäden reichen selbst bis in die feinsten Poren von Bodenkrümeln hinein. Ein Kubikzentimeter Erde – also etwa ein Fingerhut voll – kann leicht über 100 Meter Pilzfäden enthalten. Ein Pilzfaden hat einen Durchmesser von rund zehn Mikrometern, das ist ein hundertstel Millimeter.

Mykorrhizanetze ermöglichen einen regen Austausch im Boden: einen Austausch von Nährstoffen und, so zeigen neue Studien, einen Austausch von Informationen. Wie dieses unterirdische »Internet« funktioniert, weiss man noch nicht.[30]

Auf dem anschliessenden Gang durch das Labor zeigt der Biologe, wie sein Team am Institut die Pilzgeflechte züchtet. Er nimmt eine tellergosse, sterile Agarplatte aus dem Schrank, auf der sich gut sichtbar feine Wurzeln baumartig verzweigen. »Das sind Karottenwurzeln. Die Karotte ist die Ammenpflanze, sie zieht die Pilze auf. Alleine wachsen diese Pilze nicht, sondern nur zusammen mit einer Ammenpflanze. Die Aufzucht ist schwierig. Wohl auch deshalb weiss man erst wenig über dieses eindrückliche und so fundamental wichtige Zusammenspiel zwischen Pflanze und Pilz, von dem praktisch das gesamte terrestrische Leben abhängt.«

Auch in unseren Wäldern seien die Bäume über ein riesiges unterirdisches Netz miteinander verknüpft, ein Netz aus Wurzeln und den Fäden unserer Waldpilze, erläutert

Wiemken weiter. Das sei aber das Forschungsgebiet seiner Frau, Verena Wiemken, die am selben Institut arbeitet. Im Fachjargon wird das Netz unter dem Waldboden WWW genannt: Wood Wide Web. Die Pilzfäden im Wald unterscheiden sich von denjenigen der Krautpflanzen: Sie sind meist grösser und funktionieren auch etwas anders. Doch sie machen im Prinzip das Gleiche: Sie verbinden ganz verschiedene Bäume miteinander und ermöglichen dadurch den Austausch von Nährstoffen, Wasser und Kohlenhydraten. Zum WWW gehören bekannte Speisepilze, wie Steinpilze, Pfifferlinge, Goldröhrlinge, Täublinge oder Morcheln, sowie viele andere Pilzarten.

Es sei für alle eine grosse Überraschung gewesen, sagt Wiemken, als man entdeckt habe, dass in einem Wald alle Bäume über das WWW miteinander vernetzt sind. »Oberirdisch können Sie jedes einzelne Baumindividuum gut erkennen. Doch der unterirdische Teil eines Waldes bildet eine riesige, untrennbar verbundene Lebensgemeinschaft. Nährstoffe werden dort ausgetauscht, wo sie gebraucht werden. Es ist eine Art Handel.«

Die Waldbäume sorgen auch dafür, dass ihre Nachkommen einen guten Start haben: Alte Douglastannen zum Beispiel »füttern« ihre Sämlinge durch die unterirdischen Pilzfäden mit Kohlenhydraten. So können die kleinen Douglastannen auch an dunklen Orten ohne viel Sonnenlicht gedeihen. Wichtig ist vor allem, dass sie an das Netz angeschlossen sind und von der Mutter versorgt werden können. Die Sämlinge mit dem besten Zugang zu diesen Netzwerken sind am gesündesten. Das ergaben Untersuchungen von Suzanne Simard, Professorin für Waldökologie an der

Universität von British Columbia. Alte Bäume sollten daher nicht vorschnell aus dem Wald entfernt werden.[31, 32, 33]

Wiemken führt uns in das Gewächshaus, in dem er und seine Frau ihre »Untergrundexperimente« durchführen. Das WWW sei die Leidenschaft seiner Frau, sagt Wiemken, ihn selbst interessiere vor allem, was die Pilzgeflechte ausserhalb eines Waldes bewirken. Können sie zum Beispiel das Wachstum und die Artenvielfalt von Krautpflanzen beeinflussen? Das habe er 1998 in Zusammenarbeit mit amerikanischen Partnern im Baselbieter Jura untersucht. Sie legten verschiedene Parzellen an und säten darauf die immer gleichen fünfzehn typischen Wiesenpflanzen aus. Einige Parzellen erhielten gar keine Mykorrhizapilze, andere wurden mit zwei verschiedenen Arten, wieder andere mit vier, acht oder vierzehn Mykorrhizapilz-Arten beimpft. Die Unterschiede überraschten selbst Wiemken: Auf den Parzellen ohne Bodenpilze setzte sich ein einziges Gras aus der Saatgutmischung durch – es überwucherte fast alle Pflanzen. Impfte man den Boden mit Mykorrhizapilzen, stieg die Artenvielfalt sofort an. Auch die gesamte Biomasse aller Pflanzen war auf diesen Parzellen deutlich grösser. Dank der Mykorrhizen wuchsen die Pflanzen kräftiger und wurden höher. Diese Ergebnisse konnte die Gruppe in der angesehenen Zeitschrift *Nature* veröffentlichen.[34, 35]

Das ist aber längst nicht alles. »Mykorrhizapilze schützen die Pflanzen auch vor Trockenheit und toxischen Stoffen, wie zum Beispiel Schwermetallen«, sagt Wiemken. »Ausserdem verbessern sie den Boden. Sie stabilisieren die Krümelstruktur – ein gut durchpilzter Boden kann viel Wasser speichern und wird vor Erosion geschützt.«

Herr Wiemken, ein Boden wird dank Pilzgeflechten gesünder. Müsste eine Landwirtschaft der Zukunft diese Erkenntnisse nicht verstärkt in der Praxis miteinbeziehen?

»Das haben wir zusammen mit mehreren Partnern in Indien untersucht. Wir wollten wissen, ob und wie eine Zugabe von Mykorrhizapilzen und nützlichen Bakterien die Ernten zu verbessern mag. In der Gangesebene, in der bei konventioneller Landwirtschaft im Gefolge der Grünen Revolution vor rund fünfzig Jahren nur noch monoton Weizen im Winter und Reis im Sommer angebaut werden – selten einmal eine Leguminose –, sind die Böden oft degradiert, und die Erträge nehmen trotz des steigenden Aufwands seit Jahren stetig ab. Eigentlich ist das eine ungünstige Fruchtfolge, man findet sie aber überall im Gangesgebiet. Unsere indischen Projektpartner haben seit einigen Jahren mit dem Saatgut auch eine Mischung ausgewählter Mykorrhizapilze und nützlicher Bakterien an mehreren Versuchsstandorten aussäen lassen. Gemeinsam mit den Schweizer Projektpartnern vom Forschungsinstitut für biologischen Landbau (FiBL) und mit der Universität Neuenburg habe ich diese Feldversuche schon mehrmals besichtigt. Erst kürzlich war ich wieder an einem Treffen in Indien zur Besprechung der neuesten Ergebnisse aus den Feldversuchen. Es ist unglaublich, was die Pilze und Bakterien bewirken! Der Weizen brachte über vierzig Prozent mehr Ertrag und war auch von besserer Qualität. Die Bodenlebewesen haben den Pflanzen mehr Nährstoffe geliefert und erst noch die Bodenstruktur verbessert. Beim Reis waren die Effekte weniger ausgeprägt; das mag aber daran liegen, dass für Reis nicht die geeigneten Pilze und Bakterien verwendet wurden.«[36]

Aber nutzen Bäuerinnen und Bauern solche Beziehungen zwischen Bodenlebewesen und Kulturpflanzen in der traditionellen Landwirtschaft nicht schon lange aus?

»Ja, in abgelegenen Gebieten Indiens sind wir während unserer Reise auf hochinteressante Mischkulturen gestossen. Einmal sahen die Felder von weitem aus wie Rapsfelder, so schön gelb blühten sie. Als wir näher kamen, dachten wir, das müsse ein Weizenfeld sein, denn wo wir hinschauten, sahen wir Weizenpflanzen. Dann entdeckten wir zwischen den Weizen- und Rapspflanzen auch noch Erbsen, Linsen und andere Hülsenfrüchte. Alle sind zu unterschiedlichen Zeiten reif. Die Frauen gehen da jeden Tag durch das Feld und ernten, was gerade reif ist, hier ein Büschel für die Kuh und dort ein Büschel für die Küche. In diesem Durcheinander im Feld, in dieser in traditionellen Agrosystemen allgemein vorherrschenden hohen Biodiversität, steckt viel Wissen. Unterirdisch sind Pflanzen in Mischkulturen ja meist über ein gemeinsames Mykorrhizanetz miteinander verbunden. Das müsste man wissenschaftlich genauer untersuchen. Es könnte wichtige Impulse für eine moderne und nachhaltige Landwirtschaft geben.«[37]

Heisst das, dass sich unterschiedliche Pflanzen in Mischkulturen gegenseitig unterstützen?

»Wahrscheinlich ist es so, dass in solchen Mischkulturen jede Pflanze mit ihrer speziellen Fähigkeit dazu beiträgt, das Pilznetzwerk zu erhalten. Stickstoff können die Bohnengewächse beitragen, die ihn mit Hilfe einer Symbiose mit Bakterien aus der Luft holen und für Pflanzen verwertbar machen. Bei Trockenheit können Pflanzen mit sehr tiefen Wurzeln – etwa die Lupine oder Bäume und Sträucher –

das Wasser aus der Tiefe nach oben holen und damit das Mykorrhizanetz auch für die übrigen Pflanzen funktionstüchtig erhalten. Andere Pflanzen wiederum sind besonders gut im Akquirieren von Phosphaten.[38] Dann gibt es Pflanzen wie die Hirse, die bei viel Sonnenlicht und Wassermangel besonders effizient Photosynthese betreiben und mehr Kohlenhydrate ins Netz investieren können als andere Pflanzen. So können alle mit ihren besonderen Fähigkeiten dazu beitragen, das Mykorrhizanetz als gemeinsame Infrastruktur für die Nährstoffaufnahme aus dem Boden aufzubauen und zu erhalten.«[39]

Gibt es solche Netzwerke auch bei grossen Monokulturen?

»Pflanzen, die ihre Nährstoffe über viel synthetischen Dünger erhalten, bauen kein Mykorrhizanetz im Boden auf. Das brauchen sie ja nicht. Es ist gut möglich, dass man unbeabsichtigt Pflanzen herangezüchtet hat, die sich überhaupt nie mit der Bildung von Pilzgeflechten befassen mussten. Intensiv bewirtschaftete Kulturpflanzen haben weniger Mykorrhizapilze. Als Resultat könnten sie auch die damit verbundenen gesundheitlichen Vorteile wie den erhöhten Mineralstoffgehalt verlieren. Auch das Pflügen ist ein Problem. Beim Pflügen werden die Pilzgeflechte im Boden zerstört. Wenn die Pflanzen dann wachsen sollen, müssen sie diese wieder aufbauen helfen. Dazu benötigen sie viel Energie. Auch da müssen wir umdenken und nach Anbaumethoden suchen, die den Boden mit all seinen Pilzen und Mikroorganismen besser schonen.«[40]

Phantastisch, welche Welt sich unter dem Boden eröffnet, wenn man hier zu forschen beginnt …

»Ja! Ich war immer wieder fasziniert davon, was im Boden alles passiert und was Wurzeln alles entscheiden müssen. Und je mehr wir forschen, desto mehr nimmt nicht etwa unser Wissen, sondern vor allem unser Nichtwissen zu. Man muss zugeben, dass wir vor einem Riesenrätsel stehen. Vor kurzem dachte man noch, es sei ganz simpel: Die Pflanzen holen sich einfach die Nährstoffe mit ihren Wurzeln im Boden. Jetzt merken wir langsam, wie raffiniert und hochkomplex das Ganze funktioniert und dass viele Pflanzen allein eigentlich gar nichts können und nur in der Gemeinschaft mit anderen und mit diesen Pilznetzen gut gedeihen.«

Bauer Franz Gassmann und die Forscherinnen Johanna Probst
und Anet Spengler Neff

Streicheln lohnt sich

Rinder, die vom Bauern regelmässig gestreichelt werden, sind ruhiger, haben die Tierforscherinnen Anet Spengler Neff und Johanna Probst herausgefunden. Und das Entrecôte von gestreichelten Tieren ist besser.

Pflanzen sind soziale Wesen. Sie bilden Seilschaften, sie kämpfen gegeneinander und kooperieren miteinander, sie vernetzen sich und tauschen sich aus. Sie können viel mehr, als bloss reflexartig zu reagieren.

Ein solches Verhaltensrepertoire gesteht man Tieren schon länger zu. Tiere sind soziale Wesen. Rinder zum Beispiel sind Herdentiere. Sie haben ein grundlegendes Bedürfnis nach Körperkontakt: So lecken sie sich gegenseitig das Gesicht ab oder gehen aufeinander los, um die Rangordnung auszumachen. Doch die industrielle Tierhaltung hat auch hierzulande Konditionen geschaffen, die unser Nutztier mehr und mehr zur Industrieware degradieren. Heute muss die Kuh vor allem wirtschaftlich und effizient sein. Gaben Kühe der am stärksten auf Hochleistung gezüchteten Rasse Holstein-Friesian vor fünf Jahrzehnten durchschnittlich zehn bis fünfzehn Liter Milch pro Tag, erreichen sie heute mindestens das Doppelte – in Deutschland oder den USA sind es noch mehr. »Unsere Kühe sind darauf gezüchtet worden, bedingungslos Milch zu produzieren«, bringt es Urs Niggli, Leiter des Forschungsinstituts für biologischen Landbau (FiBL) in Frick, auf den Punkt. Die Lebensqualität der Tiere, ihr Charakter und die Beziehung zwischen Bauer und Tier spielen bei der Rinderhaltung und -zucht in den industrialisierten Ländern nur noch eine untergeordnete Rolle.[41] Das ist ein Fehler. Wie wichtig eine gute Beziehung zwischen dem Menschen und den über Jahrhunderten domestizierten Hausrindern für das Wohlergehen der Tiere ist, belegen neue Studien[42] und – im nächsten Kapitel – auch die traditionelle Rinderzucht der Nomaden im Niger.

Anet Spengler Neff, Wissenschaftlerin in der Fachgruppe Tierhaltung beim FiBL, konnte im Rahmen ihrer Dissertation nachweisen, dass Milchkühe mit einem ruhigen Charakter weniger Euterentzündungen haben als unruhige, schreckhafte Tiere. Ob aber ein Tier ruhig oder nervös ist, hängt unter anderem vom Verhalten des Menschen ab. »Hat der Bauer eine gute Beziehung zu seinen Tieren, so haben sie in der Regel weniger Stress, sind ruhig und zutraulich und leiden seltener an Euterentzündungen«, fasst Anet Spengler Neff die Resultate ihrer Studie zusammen.[43, 44]

Der früher enge Kontakt zwischen Mensch und Rind ist in den vergangenen Jahrzehnten jedoch immer seltener geworden. In der Mutterkuhhaltung gibt es noch weniger Berührungspunkte zwischen Tier und Mensch als in der Milchviehhaltung, weil hier routinemässige Arbeiten, wie zum Beispiel das Melken, wegfallen. Die Kälber, deren Fleisch später unter dem Label »Natura-Beef«[45] verkauft wird, bleiben zehn Monate lang bei ihren Müttern auf der Weide und im Laufstall. Diese Haltungsform ist zwar natürlich und tiergerecht, aber Kontakt mit dem Menschen haben diese Tiere in der Regel kaum. In ihren ersten Lebenstagen lernen die Rinder den Bauern zudem auf eher schmerzhafte Weise kennen: Kaum geboren, wird ihnen die TVD-Marke (Identitätsnummer der Tierverkehrsdatenbank) ins Ohr gestanzt. Das sei für viele Kälber ein Schreck, weiss Anet Spengler Neff aus vielen Beobachtungen, manche seien nach diesem Eingriff eine Weile ganz apathisch. Nur wenige Tage später machen die Tiere wiederum unangenehme Erfahrungen mit dem Menschen: Auf vielen Bauernbetrieben wird den zwei bis drei Wochen alten Kälbern mit einem glühenden Brennkopf die Hornknospe ausgebrannt. Obwohl die Tiere dafür lokal betäubt werden, erzeugt der Eingriff Stress und Schmerzen. Überdies werden die meisten männlichen Tiere kastriert: Bevor sie zwei Wochen alt sind, werden ihnen mit einem Gummiring oder mit einer Zange die Samenstränge abgequetscht; auch dafür werden sie lokal betäubt. Oft bleiben dies die einzigen Kontakte der Fleischrinder mit dem Menschen – bis zur Schlachtung. An diesem Tag werden die Tiere in einen Transporter verfrachtet, weggefahren, beim Schlachthof ausgeladen, in einen Warteraum gebracht, durch den Treibgang getrieben, betäubt und dann – in der Regel mittels eines Stichs, der die Halsschlagader durchtrennt – getötet. Die Situation auf dem Schlachthof – die Gerüche, die anderen Tiere, die plötzliche Nähe der Menschen – ist für die Tiere völlig fremd. Viele sind verängstigt und gestresst, sie bleiben im Treibgang muhend stehen, versuchen umzukehren oder springen auf das nächste Tier auf.

Dieses Leiden im Schlachthof möchte Anet Spengler Neff schon seit Jahren lindern. Sie fragte sich, ob frühere positive Kontakte mit dem Menschen das Verhalten der Tiere am Schlachttag beeinflussen würden und ob diese dann weniger gestresst wären. In Johanna Probst fand sie eine junge Wissenschaftlerin, selbst auf einem Hof mit Bullenmast aufgewachsen, mit der zusammen sie ein aussergewöhnliches Experiment durchführte. Die beiden Frauen untersuchten, ob und wie sich gezieltes Streicheln der Rinder einige Wochen vor der Schlachtung auf deren Verhalten am Schlachttag auswirkt. Das Resultat: Die gestreichelten Tiere verhielten sich deutlich ruhiger, ihr Blut enthielt weniger Stresshormone – und ihr Fleisch war besser.

Nach diesen ermutigenden Ergebnissen wollten die beiden Agronominnen in einem Nachfolgeprojekt wissen, wie die Tiere reagieren, wenn sie bereits zu Beginn ihres Lebens positive Erfahrungen mit dem Menschen machen. Würde eine frühe liebevolle Behandlung bereits die Kälber prägen, so die Überlegung, hätten die Tiere nicht nur am Schlachttag weniger Stress im Umgang mit Menschen, sondern ihr ganzes Leben lang. Dass es nämlich vermehrt zu Zusammenstössen zwischen Wanderern und Rindern auf der Weide kommt, führt Anet Spengler Neff auf den fehlenden positiven Kontakt mit Menschen zurück: »Die Tiere greifen meistens an, weil sie Angst vor dem Menschen haben.« Könnte den Tieren diese genommen werden, hätte dies auch Vorteile für die Bäuerinnen und Bauern und den Tierarzt. »Die Impfung von Fleischrindern gegen die Blauzungenkrankheit war zum Beispiel für viele Tierärzte und Tierärztinnen ein grosser Krampf, und viele regten sich auf, dass die Tiere so nervös reagierten«, sagt Anet Spengler Neff. Und für den Bauern wäre das Verladen der Tiere für den Transport auf die Alp einfacher, wenn seine Rinder nicht so schreckhaft wären.

Im zweiten Projekt wurden die Kälber bereits in den ersten Tagen nach ihrer Geburt »wissenschaftlich« gestreichelt. Die Hypothese, dass die Tiere dadurch ihre Scheu vor

Menschen etwas verlören und auch am Schlachttag nicht so gestresst wären, war gewagt; selbst Wissenschaftler am FiBL zweifelten sie an. Der Landwirt, der Johanna Probst für ihr Forschungsprojekt seine Kälber zur Verfügung stellte, war ebenfalls skeptisch: »Ich fand die Studie etwas verrückt«, gibt Franz Gassmann zu, als wir ihn gut vierzehn Monate nach dem Experiment besuchen. Gesagt hat der Bauer aus Dagmersellen im Kanton Luzern aber nichts, als die junge Wissenschaftlerin ihm im Februar 2010 in seiner Küche ihr Streichelprojekt erklärte. Wir stehen vor dem Stall und schauen zu, wie Gassmann seine Kühe und Kälber auf die saftig grüne Frühlingswiese treibt. Der konventionell wirtschaftende Landwirt hat fünfzig Mutterkühe und ebenso viele Jungtiere der französischen Fleischrasse Limousin. Die robusten Tiere mit dem rotbraunen Fell trotten eins nach dem anderen in das frische Gras. Einige junge Rinder können es kaum erwarten und rennen mit grossen Sprüngen auf die Weide. Zwei Kühe gehen heftig aufeinander los – »sie müssen die Rangordnung untereinander ausmachen«, erklärt der Bauer. Die eine Kuh sei nach dem Abkalben zum ersten Mal wieder in der Herde.

Er und seine Frau Monika produzieren »Natura-Beef«: Sie verkaufen die Jungtiere nach zehn Monaten zur Schlachtung. Der Vater der Kälber heisst »Heaven«. Die meisten anderen Tiere tragen keinen Namen. Franz Gassmann streichelt seine Tiere kaum, doch er spricht zu ihnen, und wenn er sie aus dem Stall oder wieder zurücktreibt, dann pfeift er dazu. »Wir sind lieb zu ihnen. Wer keine Freude an seinen Tieren hat und keine Achtung vor ihnen, der wird auch keinen Erfolg mit ihnen haben«, sagt der Landwirt.

Hier auf dem Eschenhof hat Johanna Probst ihr Projekt durchgeführt. Insgesamt dreizehn neugeborene Kälber wurden an den ersten drei Tagen und in den folgenden drei Wochen noch je einmal pro Woche von der Agronomin gestreichelt, insgesamt sechsmal zwanzig Minuten nach der Tellington-TTouch-Methode: Dabei wird mit kreisenden Handbewegungen die Haut des Tieres am ganzen Körper auf wohltuende Weise verschoben: am Kopf, Nacken, Hals, Bauch und Rücken. Dazu sprach die junge Forscherin mit ruhiger Stimme zum Tier.[46] Danach wurden die Tiere bis zur Schlachtung nicht mehr gezielt berührt. Die Kontrollgruppe mit vierzehn Kälbern erhielt keine besondere Behandlung.

Am Tag der Schlachtung beobachteten zwei Mitarbeiterinnen das Verhalten der Tiere beim Durchlaufen des Treibgangs und innerhalb der Betäubungsbucht auf dem Schlachthof. Wie schon am Vortag auf dem Hof wurde den Tieren auch während der Schlachtung Blut entnommen, das auf stressanzeigende Parameter wie Cortisol-, Laktat- und Glukosekonzentrationen im Labor der Universität Zürich analysiert wurde.

Die Ergebnisse der Studie waren eindeutig: Die Tiere, die in den ersten Lebenswochen gestreichelt worden waren, wichen schon im Stall und auf der Weide weniger stark zurück, wenn sich ihnen eine Testperson näherte, als die Tiere, die nicht gestreichelt worden waren. Sie näherten sich oft sogar freiwillig dem Menschen. Auch auf dem Schlachthof – neun Monate nach der Behandlung! – verhielten sie sich weniger schreckhaft. Oft waren sie sogar die Ersten, die den Treibgang betraten. »Die meisten hielten dem Betäuber ruhig den Kopf entgegen«, berichtet Anet Spengler Neff. Viele Tiere aus der Kontrollgruppe jedoch hätten versucht, ihren Kopf dem Betäuber zu entziehen.

Für die beiden Wissenschaftlerinnen zeigen diese Resultate klar, wie wichtig eine gute Beziehung zwischen Rindern und Menschen ist. Rinder seien schliesslich nicht nur Nutz-, sondern auch Haustiere, betonen sie. Die Behandlung während des Experiments war mit zwei Stunden pro Tier zwar lang, doch Anet Spengler Neff ist überzeugt, dass auch weniger Streichelzeit eine grosse Wirkung hat. Wichtig sei, dass sich der Bauer gerade beim Einsetzen der Ohrmarke, beim Enthornen und Kastrieren liebevoll um die Jungtiere kümmere, »damit die Kälber nicht nur Schmerzen mit den Menschen verbinden, sondern auch positive Ereignisse«.

Die Feststellung, dass die gezielt gestreichelten Tiere auf dem Schlachthof ruhiger waren, wurde auch durch die Blutanalysen bestätigt: Bei den gestreichelten Tieren war der stressanzeigende Parameter Cortisol zum Teil signifikant reduziert. Ausserdem war die Qualität des Fleisches besser: Es war zarter als jenes von Tieren aus der Kontrollgruppe. Gerade die Auswirkungen der Streicheleinheiten auf die Fleischqualität haben Landwirt Gassmann sehr erstaunt: »Das konnte ich mir schlicht nicht vorstellen.«

Ganz stressfrei ist der Gang zum Schlachter indes nie. Die Blutanalysen zeigten auch, dass der Schlachthof bei allen Tieren Stress auslöst: Alle relevanten Blutparameter waren im Schlachtblut sämtlicher Tiere aus beiden Versuchsgruppen signifikant höher. Vermutlich deshalb bleibt die Schlachtung ein heikles Thema. Anet Spengler Neff und Johanna Probst haben mit ihrer Studie wissenschaftliches

Neuland betreten: Es gibt heute zwar viele Untersuchungen über tiergerechte Haltung oder Fütterung, aber kaum solche über »tiergerechte« Schlachtung.[47]

Dass die Schlachtung die Gemüter erregt, hat Biobauer Ernst Hermann Maier aus dem württembergischen Balingen-Ostdorf deutlich zu spüren bekommen. Um seinen Rindern den Stress des Transportes und auf dem Schlachthof zu ersparen, betäubt und tötet der Biobauer seine Tiere dort, wo sie leben: auf der Weide.[48] Dafür musste er jedoch dreizehn Jahre lang gegen die Behörden kämpfen. Erst seit 2001 darf der Biobauer offiziell seine Rinder auf der Weide töten. Dafür hat er eine spezielle »Mobile Schlacht Box« entwickelt, die an den Traktor gehängt werden kann. In der Schlachtbox wird das Tier, das zuvor auf der Weide mit einem Schuss in die Stirn betäubt worden ist, durch Blutentzug getötet. Das tote Tier wird dann zum Schlachthof im Dorf gefahren. Die Herde bekomme kaum etwas davon mit, dass ein Tier auf der Weide niedergestreckt werde, sagt Ernst Hermann Maier. Auslöser des langen Kampfs für eine »würdevolle Schlachtung«, so Maier, war Bulle Axel: Das sechzehn Monate alte Tier weigerte sich vor fünfundzwanzig Jahren, den Viehtransporter zu betreten. Drei gestandene Männer – zwei Metzger und Bauer Maier – versuchten zwei Stunden lang, den »tobenden« Bullen in den Transporter zu bringen. Maier erinnert sich, als ob es gestern gewesen wäre: »Axel stemmte sich mit allen vieren gegen ein Weitergehen und schrie jämmerlich. Ich habe ihn darauf auf der Weide betäubt und getötet. An diesem Tag habe ich mir geschworen, nie mehr ein Tier lebend zum Schlachthof zu bringen.«

Heute haben sich die Gemüter in Balingen-Ostdorf beruhigt. Das Fleisch seiner Rinder ist sogar sehr gefragt. »Die stressfreie Schlachtung ist ein gutes Verkaufsargument«, sagt Maier. »Das Fleisch ist besser und gesünder.« Und was gab ihm die Kraft, diesen langen Kampf gegen die Behörden durchzustehen? »Ich konnte nicht anders«, sagt er. Er habe diesen Kampf für seine Tiere geführt. »Für mich ist ein Rind ein Mitgeschöpf. Ich fühle mich verpflichtet, es respektvoll zu behandeln.«

Saverio Krätli

Das Wissen der Wodaabe-Nomaden

Die Wodaabe-Nomaden im Niger haben eine sehr enge Beziehung zu ihren Bororo-Zebus und merken am Geschmack der Milch, wie es ihnen geht. Dies sagt Ethnologe Saverio Krätli, der ein paar Monate mit den Nomaden lebte.

Die Sahelzone des westafrikanischen Landes Niger ist eine extrem unwirtliche Gegend. Die Trockenzeit dauert neun Monate, und das Thermometer steigt zu Spitzenzeiten auf über fünfzig Grad Celsius. Auch während der Regenzeit fallen nur punktuell sporadische Niederschläge – wann und wo, ist nie vorhersehbar.

Diese Dürrelandschaft ist die Heimat der Wodaabe-Nomaden mit ihren Zebuherden. Ihre Bororo-Zebus – grosse, schwarze Rinder mit elegant geschwungenen, langen Hörnern – sind weit herum bekannt. Nur wenige Rinderrassen ertragen Wassermangel, Hitze oder tagelange Wanderungen so gut wie die Bororo-Zebus.

Wer in dieser rauen Gegend eine erfolgreiche Rinderzucht betreiben will, muss enorme Kenntnisse über die Tiere, die Wüste und das Zuchtverfahren erworben haben. Dieses in den Alltag der Wodaabe-Nomaden eingebettete Wissen, das schwer in Worten erklärt werden kann, interessierte den italienischen Ethnologen Saverio Krätli. Er zog deshalb mehr als neun Monate lang mit einer Wodaabe-Gruppe und ihrer Herde durch die nigrische Wüste.[49]

»Gleich zu Beginn meines Aufenthaltes fiel mir auf, wie eng die Beziehung zwischen den Hirten und ihrer

Wodaabe-Nomaden mit ihren Bororo-Zebus

Herde ist«, berichtet der Ethnologe an einer Konferenz zum Thema »Evolution und Züchtung« an der Universität Kassel im nordhessischen Witzenhausen. »Alle Wodaabe-Nomaden – Kinder und Erwachsene – sind sehr sanft zu ihren Tieren; sie sprechen in der ›Kuhsprache‹ – in einem ruhigen, weichen Ton – zu ihnen. Sie schlagen die Tiere höchst selten, und wenn, dann nur auf die Hörner.« Die Tiere würden nicht eingezäunt. Sie folgten den Hirten auf Schritt und Tritt und aus eigenem Antrieb, »sogar sechsjährigen Kindern, die mit einem Zweig in der Hand losmarschieren«. Tiere und Kinder seien sehr vertraut miteinander. Die Kinder wüchsen mit den Kälbern auf, sie spielten mit ihnen und pflegten sie. In der Regenzeit suchten die Kinder das Fell nach Zecken ab. Wie eng die Beziehung zwischen Mensch und Tier ist, hat Krätli auch an folgender Gewohnheit bemerkt: »Das Extrafutter für die Kälber ist meist die gleiche Hirse, die auch Menschen essen, und oft fressen sie sie sogar aus der Schüssel, aus der die Familie isst.«

Die Wodaabe-Hirten, fährt der Ethnologe fort, könnten abends anhand der Milch erkennen, wie es ihren Tieren geht und was sie tagsüber gefressen haben.[50] So wie ein Weinkenner Weinsorten unterscheiden kann, gebe es für die Nomaden unterschiedliche Milch»sorten«: zum Beispiel süsse oder würzige, fetthaltige oder wässrige. Die Nomaden hätten ihm erklärt, dass sie sogar die Milch der einzelnen Abstammungslinien ihrer Zebus voneinander unterscheiden könnten.

Die Wodaabe-Nomaden legen mit ihren Herden weite Strecken zurück, immer auf der Suche nach den besten Futterpflanzen, den optimalen Bedingungen. Die Rinder fressen alles, was grün ist, Gräser, Gestrüpp, Büsche, Bäume, sogar wilde Melonen oder Wasserlilien, über vierzig Pflanzenarten im Jahr, ihre Diät ist hochdiversifiziert. Diese Vielfalt an Futterpflanzen, sagt Saverio Krätli, fördere die Gesundheit der Tiere und trage zu einer guten Milch- und Fleischproduktion bei.[51]

Um in der Wüste überleben zu können, müssen die Bororo-Zebus neben ihrer Anhänglichkeit noch eine weitere Eigenschaft besitzen: Lernfähigkeit. Sie müssen zum Beispiel eine Vielzahl von Fresstechniken beherrschen. Zu Beginn der Regensaison etwa, nach einer langen Dürreperiode, wenn auch kleine Nährstoffmengen enorm wichtig für die Tiere sind, benötigen sie eine spezielle Technik, um das kurze, junge Gras auf dem sandigen Boden zu fressen, ohne dass sie dabei zu viel Sand aufnehmen, was ihnen gar nicht gut bekäme. Geschickte Bororo-Zebus können dieses junge Gras wie Ziegen fressen: Sie zwacken es mit den unteren Schneidezähnen und dem Oberkiefer ab. Normalerweise wickeln sie – wie auch europäische Rinder – ihre Zunge um ein Grasbüschel und ziehen es heraus – aber erst wenn das Gras so hoch ist, dass kein Sand mitkommt. Ein Kalb muss deshalb von den Eltern die »Ziegen-Fresstechnik« lernen.[52]

Die Hirten achten bei der Zucht auch darauf, dass ein Tier eine lange, schmale Nase und ein kleines Maul hat. Diese haben zu Beginn der Regenzeit einen zwei- bis dreitägigen Fressvorsprung gegenüber den Rindern mit breitem Maul. »Wie die Tiere das Leben in der Wüste meistern, hängt also sowohl von genetischen Faktoren als auch von erlernten Fähigkeiten ab«, erklärt Saverio Krätli in seinem Vortrag dem Publikum. »Die Tiere müssen auch lernen, welche Pflanzen – sogar welche Pflanzenteile – ihnen guttun und welche nicht; sie müssen lernen, sich bei Überfluss nicht den Bauch vollzuschlagen, sondern selektiv immer nur das Beste, die saftigsten Pflanzenspitzen zu fressen und dann weiterzuziehen. Tiere aus anderen lokalen Rinderrassen verhalten sich grundverschieden: Sie fressen jeweils grösstmögliche Mengen, bevor sie weiterziehen.«

Ein gutes Bororo-Zebu hat also eine sehr enge Beziehung zum Hirten, es ist in die Herde integriert, kennt seine Umgebung genau, ist versiert und lernfähig, kann lange ohne Wasser auskommen, grosser Hitze trotzen und ist ein exzellenter Langstreckenläufer. Das ist das Resultat einer sorgfältigen und durchdachten Zucht über Generationen hinweg.

Die Wodaabe-Nomaden sind bekannt für ihre hochentwickelten Züchtungsverfahren. Die Hirten, sagt Saverio Krätli, hätten unglaublich detaillierte Kenntnisse über die

Stammbäume all ihrer Tiere der letzten zwanzig Jahre. Sie kennen Eltern, Grosseltern und Verwandte jedes einzelnen Tiers und erinnern sich an dessen Geburtsjahr; sie wissen, wann eine Kuh zum ersten Mal trächtig wurde. Sie benennen alle neugeborenen Kälber nach deren Müttern und strukturieren damit die Herde entlang matriarchalen Abstammungslinien.

Eine neue Herde entsteht jeweils aus dem Jungtier, das einem neugeborenen Kind geschenkt wird.[53] Mit diesem Kalb wird weitergezüchtet. Dabei wird nichts dem Zufall überlassen, jede Paarung sorgfältig geplant. Nach fünfundzwanzig bis dreissig Jahren kann ein Sohn seine rund dreissigköpfige Herde übernehmen. Immer werden auch Kühe an verwandte Nomadenclans ausgeliehen. Dort kalben sie ein- oder zweimal. Nach etwa fünf Jahren kommen sie trächtig in die Herde zurück. »Bei ihren Paarungsentscheiden achten die Wodaabe sorgfältig darauf, Inzucht zu vermeiden, die Vielfalt zu fördern und gute Stiere zu sichern – das scheint der Schlüssel zu ihrem Zuchterfolg zu sein«, sagt Saverio Krätli.

Nach seinem Vortrag wird der Ethnologe von den Zuhörerinnen und Zuhörern umringt. Alle haben Fragen, wollen mehr über diese sorgfältige Zucht erfahren, die so anders scheint als die moderne Rinderzucht, bei der Charaktereigenschaften wie Zutraulichkeit oder Lernfähigkeit keine Rolle spielen. Dann gehen wir mit Saverio Krätli in ein nahe gelegenes Restaurant. Er bestellt sich ein grosses, helles Bier, lehnt sich zurück und erzählt weiter von der Wüste, während draussen feuchtkalter Oktobernebel durch die Gassen von Witzenhausen kriecht.

Herr Krätli, beherrschen Sie nun die Sprache der Wodaabe-Nomaden, das Fulfulde?

»Nein, nur ein paar Worte. Ich hatte immer einen Dolmetscher dabei.«

Wie haben Sie sie getroffen?

»Wenn ich eine bestimmte Familie treffen wollte, musste ich einfach an der Wasserstelle warten, an der sie vorbeikommen sollte. Manchmal wartete ich ein paar Stunden, einmal anderthalb Tage lang. Dann fragte ich sie, ob mein Dolmetscher und ich mitkommen dürfen. Das war nie ein Problem, die Wodaabe sind sehr gastfreundlich.«

Wo haben Sie geschlafen?

»Immer unter freiem Himmel, wie alle andern auch. Zelte gab es nur für verheiratete Paare. Bei Ankunft an einem Übernachtungsort befestigen die Wodaabe als Erstes ein Seil in Nord-Süd-Richtung, so dass das Camp immer in einen West- und einen Ostteil gegliedert ist. Die Herde befindet sich immer westlich des Seils, die Menschen östlich. So sieht das Camp stets gleich aus, es geschieht alles in Relation zu dieser Linie. Das Seil wirkt wie ein Kompass. So ist der jeweilige Aufenthaltsort immer strukturiert und organisiert.«

Wie haben Sie die Hitze ertragen?

»Nicht gut. Ich war meistens während der Trockenzeit mit den Wodaabe unterwegs. Zu Spitzenzeiten, zwischen April und Juni, erreicht die Temperatur fünfzig Grad Celsius – da blieb ich von zehn Uhr morgens bis fünf Uhr nachmittags im Schatten.«

Was gab es zu essen?

»Jeden Tag Milch, Hirsebrei und Okrasauce. Die Wodaabe-Hirten verkaufen ihre Rinder auf dem Markt, wo sie geschlachtet oder zur Weiterzucht verwendet werden. Selber aber essen sie so gut wie nie Fleisch. Vom Erlös kaufen sie sich Hirse.«

Wie wissen die Nomaden, wo gerade das beste Futter wächst?

»Sie kennen das Territorium sehr genau und haben einen ausgezeichneten Orientierungssinn. Oft senden sie Scouts aus, welche die Gegend im Umkreis von fünfzig, sechzig Kilometern auskundschaften. Und Niederschlag ist von weitem sichtbar: In diesem flachen Land kündigt er sich mit einem schwarzen Regenband am Horizont an.«

Was hat Sie am meisten beeindruckt?

»Dass die Wodaabe nicht einfach nur ›nett‹ zu ihren Tieren sind, sondern dass sie dank der grossen Nähe zu ihnen und dank der reichen Kenntnisse über sie an einem derart unwirtlichen Ort, wo sonst kein menschliches Überleben möglich wäre, ein gutes Auskommen generieren können. Die Wodaabe machen sich das zunutze, was wir als Problem betrachten: Die westliche Landwirtschaft arbeitet mit Uniformität und Stabilität, sie sieht Unberechenbarkeit als Problem an. Die Wodaabe-Hirten hingegen können sich nicht auf Stabilität verlassen. Sie haben sich deshalb darauf spezialisiert, genau diese unvorhersehbare Variabilität auszunützen. Darin sind sie wirklich gut! Dass die Tiere sich selektiv an Hirten binden, ist den Wodaabe sehr wichtig. Für dieses spezielle Verhalten gibt es in ihrer Sprache sogar einen eigenen Ausdruck. Sie nennen die enge Beziehung zwischen Mensch und Tier *geeti*.«

Unendliche Beziehungsgeschichten oder: Vom Menschenbild der Kartoffel

Die Masse aller Lebewesen auf der Erde soll etwa 1800 Milliarden Tonnen betragen. Tiere machen davon etwa 2,2 Milliarden Tonnen aus, alle Menschen rund 400 Millionen Tonnen. Die jährlich durch Photosynthese erzeugte Biomasse wird auf rund ein Zwölftel der Gesamtmenge geschätzt. Davon entstehen etwa zwei Drittel an Land und etwa ein Drittel im Wasser.

Diese Biomasse hat im Verlauf der Entwicklung der Erde unglaubliche Veränderungen erlebt: Von der Ursuppe und den ersten Einzellern bis zur heute extrem ausdifferenzierten Pflanzen- und Tierwelt war es ein langer und komplizierter Weg. Dass dieser ausschliesslich nach dem Modell der zufälligen Genmutation und der jeweiligen Ausrottung eines nicht angepassten Teils nach Klimaänderungen, Kontinentalverschiebungen oder Vulkanausbrüchen beschritten worden sein soll, ist schwer vorstellbar. Das Bild dieser gewaltigen Biomasse als bloss passive Empfängerin externer Impulse kann zudem die Frage, wie und wann der Übergang zu einem dynamischen, lernenden und vernetzten System erfolgt sein könnte, nicht beantworten.[54, 55]

In den vergangenen Jahren haben Forscher immer wieder neue, erstaunliche Fähigkeiten von Pflanzen entdeckt, die ihnen niemand zugetraut hätte. Dass Pflanzen raffinierte Kommunikationskünstlerinnen sind, Umweltsignale aufnehmen, interpretieren und gezielt beantworten können, ist seit 2008 bekannt, als das Buch *PflanzenPalaver* erschien. Mehrere Untersuchungen haben diese Erkenntnisse inzwischen bestätigt und erweitert. Neu hingegen ist, dass Pflanzen ein äusserst aktives Sozialleben führen. Sie erkennen, wer Teil ihrer Familie ist und wer nicht, wer zu ihrer Art gehört und wer nicht. Kurz: Pflanzen »wissen«, welcher Gemeinschaft sie angehören. Ihre Wurzeln können auch zwischen Selbst und Nichtselbst unterscheiden. Sie gehen Gemeinschaften mit anderen Lebewesen ein, bilden mit Pilzen riesige unterirdische Netzstrukturen, über die sie Nährstoffe und Informationen austauschen.

Pflanzen gestalten also aktiv ihr Umfeld und werden wiederum von diesem gestaltet. Sie sind sowohl Subjekt als auch Objekt. Die traditionelle Lehrmeinung, wonach sie bloss Objekte sind, ist überholt. Pflanzen, Tiere und Mikroorganismen leben in einem dichtgeknüpften Beziehungsnetz.

Und der Mensch? Welche Stellung hat er in diesem Bild, in dem sich alles auf alles bezieht?

Das Auftreten des Menschen hat die Tier-Pflanzen-Dynamik stark beeinflusst. Die Landwirtschaft zum Beispiel bevorteilt gewisse Pflanzenarten in ihrer Ausbreitung und Entwicklung und behindert andere. Gezüchtete Pflanzen haben sich auf Kosten ihrer Konkurrentinnen, die dem Menschen nutzlos erscheinen, einen grösseren Anteil des Lebensraums erobern können. Der Mensch hat also die Ausbreitung der von ihm begehrten Pflanzenarten stark gefördert.

Die Botanik der Begierde nennt der amerikanische Bestsellerautor Michael Pollan dieses Phänomen. Er geht in seinem gleichnamigen Buch einer originellen Frage nach: Wie schafft es die Pflanze, uns Menschen so in Dienst zu nehmen, dass wir sie kultivieren und ihr Erbgut verbreiten helfen? Dieser Gedanke kam ihm an einem schönen Maitag in seinem Garten. Pollan war gerade damit beschäftigt, Kartoffeln anzupflanzen. In der Nähe stand ein blühender Apfelbaum, der vor lauter Bienen regelrecht vibrierte. Da habe er sich gefragt, erzählt Pollan in seinem Buch, was ihn eigentlich von diesen Bienen unterscheide. Beide, sowohl die Bienen wie auch er selbst, seien gerade im Begriff, die Gene einer bestimmten Pflanzenart zu verbreiten. Und beide meinten – wahrscheinlich –, sie entschieden eigenständig, welche Blüte sie anfliegen oder welche Kartoffelsorte sie anpflanzen. Doch genauso gut könne man sagen, dass die Apfelblüten die Bienen auf raffinierte Weise dazu verlockten, ihre Pollen von Blüte zu Blüte zu tragen – und die Kartoffel ihn, Michael Pollan, dazu, ihre Knollen im Garten zu vermehren.

Die Beziehung zwischen Biene und Blüte ist ein klassisches Beispiel für Koevolution.[56] Von diesem Tauschhandel profitieren beide Seiten, und beide bringen auch etwas ein. Dafür braucht es kein Bewusstsein – das ist in diesem Zusammenhang bedeutungslos. Es ist ein koevolutives Zusammenspiel, ein gegenseitiges Geben und Nehmen: Nahrung für die Biene gegen Gen-Transportdienste für den Apfelbaum.

Das Gleiche gelte für ihn und seine Kartoffelknollen, schreibt Michael Pollan. Auch der Mensch und die Kartoffel seien Partner in einer koevolutionären Beziehung seit Beginn des Ackerbaus vor über zehntausend Jahren. Grösse und Geschmack der Knollen seien über Generationen hinweg von Menschen ausgelesen worden, »von den Inkas und

Iren bis hin zu Menschen wie mir, die sich bei McDonald's Pommes frites bestellen«. Sein Fazit: »Die Pflanzen, die ich immer als Objekte meiner Begierde angesehen hatte, waren umgekehrt (...) auch Subjekte, die mit mir etwas anstellten und die mich dazu bewogen, Aufgaben für sie zu übernehmen, die sie nicht selber erledigen konnten.«

Auch der Begriff »Domestikation« ist für Michael Pollan ziemlich einseitig. Er hinterlasse den irrigen Eindruck, wir Menschen wären die Subjekte des Geschehens. Wir würden die Domestikation für etwas halten, was wir mit anderen Arten anstellen, dabei sei es genauso logisch, zu sagen, bestimmte Pflanzen und Tiere hätten uns domestiziert, gleichsam als raffinierte evolutionäre Strategie, um ihre Interessen durchzusetzen. Eine Gruppe von Blütenpflanzen zum Beispiel – essbare Gräser wie Mais oder Weizen – hätten sich auf Menschen spezialisiert und diese dazu gebracht, ganze Wälder abzuholzen, um ihnen mehr Platz zu verschaffen. Und Blumen hätten mit ihrer Schönheit ganze Kulturen in ihren Bann gezogen. Sie seien so unwiderstehlich, dass sie die Menschen dazu brachten, sie auszusäen, zu pflegen und über die ganze Welt zu verbreiten. Man könne die magische Anziehungskraft von Schönheit nicht annähernd begreifen, schreibt Michael Pollan, ohne zunächst die Blume begriffen zu haben. Die Blume sei es gewesen, die unseren Begriff von Schönheit begründete, »indem sie vor Urzeiten ihren Reiz als evolutionäre Strategie einzusetzen begann«.

Dieser Subjekt-Objekt-Wechsel führt Michael Pollan zur Erkenntnis: »Wenn wir diese Pflanzen als bereitwillige Partner in einer intimen, wechselseitigen Beziehung ansehen, bedeutet das, dass wir auch uns selbst ein wenig anders betrachten: als Objekte der Absichten, Wünsche und Bedürfnisse anderer Arten, als eine jüngere Bienenart im Darwin'schen Garten – genial, manchmal leichtsinnig und unser selbst erstaunlich wenig bewusst.«

Man mag Pollan vorhalten, sein radikaler Vergleich sei etwas gar weit hergeholt. Trotzdem ändert sein Subjekt-Objekt-Wechsel an seiner fundamentalen und eigentlich selbstverständlichen Schlussfolgerung nichts: Auch wir Menschen sind Teil des evolutionären Geschehens, und auch Pflanzen sind Subjekte, die mit der Umwelt etwas anstellen und uns Menschen ebenfalls in unermesslichem Ausmass beeinflussen.[57, 58, 59]

Lehren aus all diesen Erkenntnissen wurden indes bislang nicht gezogen: Pflanzen werden als frei verfügbare Objekte behandelt, die beliebig manipuliert und patentiert werden können und denen höchstens dann Schutz gewährt wird, wenn ihr Verschwinden für den Menschen negative Folgen haben könnte.

Den Nutztieren geht es – zumindest in der Schweiz – heute etwas besser als den Pflanzen: Seit rund dreissig Jahren gelten sie nicht mehr als »Sachen«.[60] Trotzdem werden auch sie nicht als Partner in einer wechselseitigen Mensch-Tier-Beziehung betrachtet. Dabei zeigen neue Studien, wie gut es den Mastkälbern allein schon bekommt, wenn der Bauer oder die Bäuerin sie in den ersten Lebenswochen einige Male streichelt, wie das vorletzte Kapitel aufzeigte. Wer diese Beziehungen näher untersucht, betritt wissenschaftliches Neuland und wird von vielen Forscherkollegen zunächst einmal belächelt.

Doch die Beziehung zwischen Mensch und Tier sei matchentscheidend in der menschlichen Evolution gewesen, sagt Pat Shipman, Professorin für biologische Anthropologie an der Pennsylvania State University. Die Spur dieser engen Beziehung lasse sich bis zu den Anfängen zurückverfolgen. Es sei doch erstaunlich, schreibt Shipman in ihrem Buch *The Animal Connection. A New Perspective on What Makes Us Human,* dass in allen menschlichen Kulturen Tiere eine grosse Rolle spielten und überall auf der Welt Menschen mit Tieren zusammenlebten. Evolutionsbiologisch sei dies auf den ersten Blick wenig sinnvoll, denn: »Kein anderes Säugetier in der Wildnis adoptiert Individuen einer anderen Art. Dachse sorgen sich nicht um Hasen, Rehe ernähren keine Eichhörnchenbabys, Löwen kümmern sich nicht um Giraffen.« Das wäre auch kontraproduktiv. Für ein anderes Individuum zu sorgen kostete Nahrung und Energie, was zu Lasten der eigenen Nachkommen ginge. Den Nutzen erkenne man auf den zweiten Blick: Dieses einstige enge Verhältnis zu Tieren habe der menschlichen Evolution zu wichtigen Entwicklungssprüngen verholfen. So habe der Mensch zum Beispiel gelernt, die Gewohnheiten sowohl von Fleischfressern wie auch von Beutetieren sehr genau zu beobachten und deren Verhalten zu antizipieren. Erst diese Fähigkeit ermöglichte es dem Menschen, so Shipman, in Konkurrenz zu den stärkeren und schnelleren Raubtieren zu überleben.[61]

Ein solch intimes Verhältnis zu Tieren scheinen auch die ältesten uns zugänglichen Äusserungen unserer Vorfahren zu bestätigen: die bis zu 35 000 Jahre alten Höhlenmalereien, die sowohl in Europa als auch in Asien, Afrika,

Amerika und Australien entdeckt wurden. Auffallend sei, schreibt Shipman, dass alle Höhlenmalereien fast ausschliesslich Tiere darstellten: Hirsche, Büffel, Wölfe, Gazellen, Vögel, Auerochsen, Rentiere, Bären und viele mehr. Abbildungen von Menschen und wichtigen Zeremonien dagegen sind selten. Noch seltener finden sich Abbildungen von Pflanzen oder dem Bau von Unterkünften, der Herstellung von Werkzeugen oder dem Entfachen eines Feuers.[62] Offensichtlich war eine enge Beziehung zu den Tieren für unsere Vorfahren überlebenswichtig.

Welche praktische Bedeutung hat aber die Erkenntnis, dass alles mit allem vernetzt ist und dass auch wir Teil eines koevolutionären Geschehens sind? Welchen Nutzen kann die Landwirtschaft daraus ziehen? Diese steht weltweit vor gigantischen Herausforderungen. Bäuerinnen und Bauern werden in Zukunft vermehrt mit Klimaextremen konfrontiert sein, vor allem im Süden: Dürrewellen, Überflutungen, Tornados, so die Prognosen, werden künftig häufiger auftreten. Aufgrund des Bevölkerungswachstums wird von ihnen zudem erwartet, dass sie ihre Produktion massiv steigern. Und schliesslich sollen sie auch noch die erheblichen Umweltschäden der herkömmlichen Landwirtschaft rückgängig machen. Das ist eine Herkulesaufgabe.

Industrielle Agrarsysteme geraten hier an ihre Grenzen. Gerade die Komplexität ist für die konventionelle Landwirtschaft ein riesiges Problem. Deren Bestreben zielt genau in die Gegenrichtung, nämlich Komplexität zu reduzieren, zu normieren, zu standardisieren. Das Resultat sind Hochleistungszucht, Monokulturlandschaften und Düngereinsatz.

Diese verengte Sicht lässt den Blick auf das Ganze, ein vertieftes Verständnis der dynamischen Wechselwirkungen von Pflanzen, Tieren und Menschen, nicht zu.

Mit industriellen Landwirtschaftssystemen konnte die Lebensmittelproduktion drastisch erhöht werden. Doch zu welchem Preis! Dreissig Prozent aller Klimagase gehen auf das Konto der Landwirtschaft, ebenso siebzig Prozent des weltweiten Wasserverbrauchs. Ausgelaugte Böden führen in ehemals fruchtbaren Gebieten dazu, dass die Erträge trotz erhöhtem Chemieeinsatz und trotz optimiertem Saatgut nun abnehmen. Andres Wiemkens Erfahrungen in der indischen Gangesebene (vgl. das Kapitel »Hirse füttert Flachs«) sind da keine Ausnahme.

Die industrielle Landwirtschaft hat sich darauf verlassen, dass Ressourcen wie Wasser oder Öl billig zu haben und unendlich lange verfügbar sind. Es gab keinen Grund, damit sparsam umzugehen. Doch das erste Jahrzehnt des einundzwanzigsten Jahrhunderts hat uns vor Augen geführt, dass dies eine Illusion war. Neue, grosse Hungersnöte, extrem lange Dürreperioden und andere Klimakapriolen sind Vorboten dessen, was auf uns zukommen könnte. Der Weizenpreis hat sich auf dem Weltmarkt innerhalb eines Jahres (von 2010 auf 2011) verdoppelt, auch jener für Reis, in vielen Ländern ebenfalls ein Grundnahrungsmittel, schnellte in die Höhe.[63] Es ist absehbar, dass existentiell wichtige Güter wie Trinkwasser, Öl und Getreide knapp und dadurch teuer werden und zudem die biologische Vielfalt abnimmt. Die Verknappung der lebenswichtigen Güter wird auch durch den sorglosen Konsum gefördert, wie Slow-Food-Gründer Carlo Petrini zu Recht moniert (vgl. das Kapitel »Slow

Food, nicht Junkfood«). Gemäss einer 2011 erschienenen Studie der Welternährungsorganisation (FAO) werden weltweit rund dreissig Prozent aller Lebensmittel verschwendet. Dreissig Prozent! Das sind etwa 1,3 Milliarden Tonnen pro Jahr. Die Studie unterscheidet zwischen Lebensmittelverlust und Lebensmittelverschwendung. Verluste während der Produktion, Ernte, Lagerung und Verarbeitung kommen vor allem in Entwicklungsländern vor. Verschwendung ist hingegen vor allem ein Problem der industrialisierten Länder, zumeist weil Händler und Konsumenten noch essbare Lebensmittel in den Abfall werfen.[64] Andere Studien sind auf weit höhere Zahlen gekommen.

»Weiter wie bisher« ist keine Option. Es braucht neue, ökologische Landwirtschaftssysteme, die die Natur nachahmen, und nicht industrielle Prozesse; solche, die externe Zusätze wie synthetischen Dünger oder Erdöl ersetzen; Landwirtschaftssysteme, die das Zusammenspiel von Kulturpflanzen, Bäumen und Tieren in ihre Produktion mit einbeziehen und nicht einfach ignorieren. Dazu ist vor allem ein vertieftes Verständnis koevolutionärer Entwicklungen und Zusammenhänge nötig. Darum soll es in den folgenden Kapiteln gehen.[65, 66]

Zuerst führt uns die Reise nach Ägypten, zu einem Hoffnung machenden Grossprojekt: SEKEM demonstriert, wie eine ökologische, in Kreisläufen funktionierende Landwirtschaft und der sorgsame Umgang mit Pflanzen, Tieren und Böden aus Wüsten fruchtbare Gärten machen können und sogar rentieren.

Doch ist SEKEM ein geglückter Ausnahmefall, oder sind ökologische Landwirtschaftssysteme auch ökonomisch eine Alternative zu einfach zu bewirtschaftenden Monokulturflächen mit Hochertragssorten und agrochemischen Inputs? Könnten sie gar einen Grossteil der Weltbevölkerung ernähren? Und was kann die Forschung beitragen? Was nützen die Erkenntnisse, dass zum Beispiel Pflanzen mit Duftstoffen kommunizieren oder unterirdische Netzwerke betreiben, der Landwirtschaft? Antworten geben uns eine Landwirtschaftsexpertin und zwei Wissenschaftler, die sich seit Jahren mit ebendiesen Fragen auseinandersetzen: Vandana Shiva, Hans Herren und Urs Niggli.

Um die gegenseitige Vernetzung alles Lebendigen besser zu verstehen, blicken wir am Schluss auf die Evolution. »Nichts in der Biologie ergibt einen Sinn ausser im Licht der Evolution«: Diesen berühmten Satz schrieb Theodosius Dobzhansky 1973. Von Eva Jablonka erfahren wir, dass Evolution weit mehr ist als Gene und Zufall. Wie verbunden wir mit der evolutiven Vergangenheit sind, zeigt auch ein Blick auf unsere Verwandten: die Gorillas. Verhaltensforscher Jörg Hess erzählt anrührende Geschichten über diese sanftmütigen und einfühlsamen Menschenaffen.

Ibrahim Abouleish

Die wundersame Verwandlung der Wüste

SEKEM-Gründer Ibrahim Abouleish schuf mit Biolandwirtschaft aus Sand und Stein eine blühende Oase, die sogar rentiert.

Das ägyptische Fair-Trade-Unternehmen SEKEM ist im wahrsten Sinn des Wortes auf Sand gebaut. Was vor fünfunddreissig Jahren mit einer Handvoll Enthusiasten begann, ist heute ein Grossunternehmen, das aus sechs Firmen besteht und einen Jahresumsatz von 35,5 Millionen Euro macht. SEKEM produziert und verarbeitet biologische Lebensmittel, Heilkräuter und Baumwollkleidung für den Heimmarkt und den Export.[67, 68] Und dies in der Wüste, wo es kaum Wasser gibt.[69]

Die Mutterfarm von SEKEM liegt rund sechzig Kilometer nordöstlich von Kairo in Bilbais und ist heute praktisch ein eigenes Dorf. Wer dorthin will, muss eine Kontrolle mit Schlagbaum passieren. Auf dem 120 Hektar grossen Gelände gibt es ein Krankenhaus,[70] Wohnhäuser für die SEKEM-Mitarbeiter, einen Kindergarten und eine Schule für die Kinder aus den umliegenden Dörfern, Ställe für die rund 400 Kühe, 500 Schafe und 35 500 Hühner, ein Theater, mehrere Cafeterias – und Arbeit. SEKEM beschäftigt in ganz Ägypten 2000 Angestellte.

Gegründet wurde SEKEM 1977 als Kulturinitiative vom damals vierzigjährigen Ibrahim Abouleish. Der Ägypter, der in Graz Pharmazie studiert und zwanzig Jahre in Österreich gelebt hatte, kehrte mit der Idee in sein Heimatland zurück, die Wüste zu begrünen, sie lebendig zu machen.

Oben: Denise Battaglia und Florianne Koechlin auf der SEKEM-Farm; unten: Fabrikgebäude mit Scheffler-Reflektoren zur Herstellung von Wasserdampf

Ohne synthetische Wachstumsbeschleuniger und Pflanzenschutzmittel, allein mit der Hilfe von Sonne, Wasser, Kompost – und entschlossenen Mitarbeitern. Abouleish kaufte in Bilbais siebzig Hektar Wüstenboden und begann das Landstück nach der biologisch-dynamischen Methode zu bewirtschaften.

Heute ist dieses Stück Land eine blühende Oase. Eine hohe Baumallee führt zu den runden SEKEM-Gebäuden. Es wachsen blauer Plumbago, roter und weisser Oleander und Hibiskus, vielfarbige Akazienbäume. Es gibt Guavenhaine, eingebettet in Klee, Zitrusbäume, Hunderte von Dattelpalmen, Eukalyptus- und Nadelbäume. Und dazwischen glitzern auf dem Dach eines Fabrikgebäudes zwei Scheffler-Reflektoren. Die Spiegel erzeugen aus Sonnenenergie Dampf für die umliegenden Fabriken. Innerhalb von drei Jahrzehnten hat SEKEM aus einem Stück Wüste ein ökologisches Paradies geschaffen, in dem Hightech kein Widerspruch ist, sondern sich harmonisch einfügt.

Dass hier einst nur Wüste war, kann man an den staubigen Fusswegen gerade noch erahnen. Angela Hofmann dagegen konnte sich damals nicht ausmalen, wie es aussehen würde, wenn Abouleishs Vision Wirklichkeit würde. »Wer auf Sand steht und nichts als Sand sieht, kann sich das Grün einfach nicht vorstellen«, sagt sie. Sie sei von dem, was in den letzten drei Jahrzehnten entstanden sei, selbst überrascht. Die deutsche Bäuerin wurde von Abouleish vor dreissig Jahren angefragt, die Landwirtschaft aufzubauen. Die damals Dreiundzwanzigjährige, die gerade einen Sommer lang als Sennerin auf einer Alp im Engadin gearbeitet hatte, lehnte zunächst ab, wollte sich aber wenigstens eine Woche lang das

Angela Hofmann

Projekt anschauen. Sie ist geblieben. »Diese Pioniersituation hat mich fasziniert«, erklärt die energische und patente Frau mit dem von Wind und Wetter gegerbten Gesicht. »Hier in der Wüste war alles möglich, es war ja nichts da. Wir durften alles ausprobieren, selbst formen.« Dieser Reiz, aus dem

Nichts Neues entstehen zu lassen, und der Wille, unkonventionelle Wege zu beschreiten, treibe sie noch heute an.[71] »Wir fühlen uns immer noch als Pioniere«, sagt sie und fügt lachend hinzu: »Obwohl wir inzwischen etwas in die Jahre gekommen sind.« Angela Hofmann hat ganz offensichtlich nichts von ihrem Enthusiasmus verloren.

Angela Hofmann kommt – nach einem anstrengenden Tag auf der Farm – um einundzwanzig Uhr zu einem Gespräch ins Gästehaus, in dem das ganze Jahr Ägypten-Besucher und Wissenschaftlerinnen aus aller Welt ein und aus gehen, gemeinsam essen und miteinander diskutieren. Über dem halboffenen Dach funkeln die Sterne, Tausende Grillen zirpen.

Wie war die Verwandlung der Wüste in dieses Paradies möglich?
»Zuerst bauten wir einen Brunnen. Von Hand wurden Eisenrohre siebzig bis hundert Meter tief in den Wüstenboden getrieben. Dann pflanzten wir schnellwachsende Nadelbäume um die zukünftigen Felder herum an: Kasuarinen. Das sind sehr robuste, widerstandsfähige Nadelbäume, die auch bei grosser Trockenheit wachsen. Diese Bäume sind grossartig. Sie wurden sehr eng, in drei Reihen bei einem Abstand von einem Meter, gesetzt.«
Warum wurden sie denn so eng gesetzt?
»Die Bäume dienen als Windschutz und Schattenspender. Dank der Bäume und Hecken herrscht auf unseren Feldern ein milderes Klima als in der Wüste.«
Und nach der Baumpflanzung wurde gesät?
»Nein, auf Sand wächst ja nichts. Wir mussten zuerst den

Boden mit Kompost anreichern, mit sehr viel Kompost, bis zu fünfzig Tonnen pro halben Hektar. Guter Kompost ist neben Wasser das Wichtigste. Er macht den Boden fruchtbar und speichert das Wasser gut. Den Kompost machen wir selber. Er stammte zu Beginn von ägyptischen Wasserbüffeln. Später haben wir für die Kompostproduktion Allgäuer Milchkühe importiert.«

Sie haben aus Deutschland Kühe nach Ägypten gebracht?

Angela Hofmann lacht. »Ja, das Allgäuer Braunvieh ist eine robuste, anpassungsfähige Rasse. Und Kuhdung ist ein wertvoller Dünger. Wir mischen alle Tier- und Pflanzenabfälle in einem bestimmten Verhältnis mit Kuhmist. Das Ganze wird kompostiert, so dass möglichst keine Nährstoffe verlorengehen und möglichst kein Kohlendioxid oder Methan dabei entsteht. Beim biologisch-dynamischen Landbau werden diesem Kompost noch sechs Präparate aus Heilkräutern beigegeben. Das ergibt im Boden einen stabilen Humus. Bei synthetischem Dünger dagegen ist der Humus nach zwei Bewässerungen wieder weg.«

Wie viel Kompost braucht es, bis in der Wüste etwas wächst?

»Als die Kompostschicht auf dem Sand etwa einen halben Zentimeter dick war, bauten wir bereits die ersten widerstandsfähigen Pflanzen in Fruchtfolge an: Kamille, Gerste und Klee. Etwas später pflanzten wir Heilkräuter: Karkade, Basilikum, Pfefferminze, Süssholz. Dann folgte der Weizen.«

Auch Klee verbessert die Bodenfruchtbarkeit.

»Ja, Klee ist eine wichtige Pflanze, weil sie als Leguminose dem Boden Stickstoff zuführt. Zum Glück ist er relativ anspruchslos und konnte bereits früh gesät werden. Den

Alexandrinerklee können wir im Winter bis zu sechsmal mähen – er dient als Viehfutter. Als die Humusschicht etwas dicker war, pflanzten wir auch Luzerne, eine andere Leguminose, die ebenfalls als Viehfutter verwendet wird. Die Luzerne wächst noch schneller als Klee, lässt sich bis zu zehnmal jährlich schneiden. So haben wir Schritt für Schritt den Wüstenboden fruchtbar gemacht. Mit Wasser, Kompost und Leguminosen. Und es entstand dieses grüne Paradies, in dem wir nun zusammen Tee trinken und reden.«

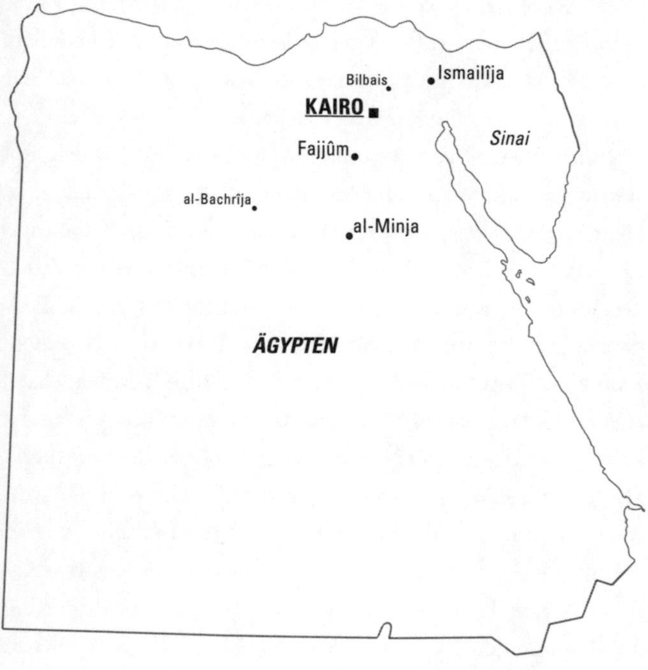

SEKEM vermochte in den vergangenen drei Jahrzehnten mehr als 6000 Hektar Land der Wüste abzuringen und in fruchtbares Land zu verwandeln. Heute werden pro Jahr rund 60 000 Tonnen Kompost produziert und wieder in der Landwirtschaft eingesetzt. SEKEM hat neben der Mutterfarm in Bilbais weitere Farmen aufgebaut: auf dem Sinai, in al-Minja und al-Bachrîja. Zudem pflanzen rund 850 Biobauernfamilien im ganzen Land für SEKEM Kräuter, Baumwolle, Gemüse und Früchte an. Am Anfang der Saison vereinbart SEKEM mit jedem Bauern den Preis für die Produkte. Er ist meist etwas höher als der aktuelle Marktpreis. Das verschafft den Familien ein garantiertes Einkommen. Als SEKEM noch jung und klein war, wollte nur eine Handvoll Bauern auf den biologischen Landbau umstellen. Heute muss das Unternehmen eine Warteliste führen. Viele Bauern haben gemerkt, dass Bio rentiert.

Einer dieser Vertragsbauern ist Radschab Irâki, ein stämmiger Mann mit einem kurzen schwarzen Schnauz. Er trägt eine dunkelgraue Gallabija, das traditionelle Gewand ägyptischer Männer. Um den Kopf hat er ein weisses Tuch geschlungen. Radschab Irâki besitzt fünfundfünfzig Feddan – gut dreiundzwanzig Hektar – Land, drei Brunnen, zwanzig Wasserbüffel, zwanzig Kühe, fünf Kamele, Esel, Ziegen, Schafe, Hühner, Enten, Gänse und Tauben. Er ist kein armer Bauer. Ein gewöhnlicher Bauer ist er auch nicht: Der gläubige Muslim arbeitet nach der biologisch-dynamischen Methode und hält sich »selbstverständlich«, wie er betont, an den Mondkalender der deutschen Aussaatspezialistin Maria Thun. Er besitzt eine arabische Übersetzung der Anbauregeln und hat, wie er erzählt, in Kursen gelernt,

Radschab Irâki mit einer Kamillenpflanze

»wie die Mondphasen das Wachstum der Pflanzen beeinflussen«.

Radschab Irâki lebt knapp neunzig Kilometer südlich von Kairo in Fajjûm. Auf der zweistündigen Fahrt von Kairo wird einem bewusst, dass Ägypten fast nur aus

Wüste besteht. Fünfundneunzig Prozent des Landes sehen so aus wie diese trockene, unwirtliche Gegend links und rechts der Schnellstrasse – Sand und Stein, so weit das Auge reicht. Die Wüste scheint in der flimmernden Luft unendlich weit, begrenzt wird sie allein vom blauen Himmel. Als Fajjûm auftaucht, wirkt die Landschaft auf den ersten Blick fast unwirklich, wie eine grüne Kulisse, die mitten in die Sanddünen gestellt wurde. Das Gouvernement Fajjûm ist eine Oase mit einem grossen See. Rund 2,5 Millionen Menschen leben hier.

Radschab Irâkis Hof steht an einer ungeteerten, staubigen Strasse mitten im Dorf, das den gleichen Namen trägt wie seine Familie: Irâki. Auf der Treppe zum Wohnhaus döst eine Ziege. Drinnen geht es lebhaft zu: Radschab Irâki hat zwei Ehefrauen. Seine Familie ist entsprechend gross, sie zählt rund dreissig Mitglieder. Die Wohnung besteht aus einem grossen, offenen Raum. Es liegen Säcke und Geräte darin herum. Das Familienoberhaupt bittet seine Gäste an einen mit Plastiktuch bedeckten Tisch. Seine älteste Tochter serviert Tee und dunkles Fladenbrot, die jüngste klettert dem Vater auf den Schoss. Zahlreiche Fliegen schwirren einem um den Kopf, Hühner trippeln durch den Raum. Durch die offene Tür dringt aus einem scheppernden Lautsprecher der Gebetsruf des Muezzins. Es ist Freitag.

Der Bauer erzählt den europäischen Gästen begeistert von der biodynamischen Landwirtschaft. »Meine Tiere sind dank der Umstellung gesund geworden, und auch wir sind heute gesünder als früher«, setzt er mit Blick auf seine grosse Familie mit den vielen Kindern hinzu. Mit »früher« meint er die Zeit, als er noch konventionelle Landwirtschaft betrieb und – wie die meisten Bauern in Ägypten – viel Kunstdünger und Pestizide auf seinen Feldern einsetzte und nur wenige Pflanzenkulturen anbaute. Doch der biodynamischen Landwirtschaft verschrieb sich Irâki nicht nur wegen der Gesundheit. Biobauer wurde er, weil er mehr verdient. »Ein Kalb kann ich heute deutlich teurer verkaufen als früher«, sagt er. Zudem müsse er keine teure Agrochemie mehr kaufen. Die biologisch-dynamische Methode ist günstiger: Irâki düngt seine Felder mit selbsthergestelltem Kompost.

Radschab Irâki produziert schon seit dreiundzwanzig Jahren für SEKEM. Er kultiviert vor allem Heilpflanzen, etwas Weizen und Gemüse, wie Bohnen, Tomaten, Fenchel und Zwiebeln. Stolz zeigt er uns nach dem Tee seine Ländereien. Es ist Mittag und brütend heiss, das Thermometer ist auf über vierzig Grad gestiegen – das ist selbst in Ägypten viel zu warm für Oktober. Der Weg zu den Feldern führt aus dem Dorf heraus und verengt sich bald zu einem Trampelpfad. Irâki zeigt auf ein Feld zu unserer Linken: Frisch gepflanzte Kamillensetzlinge wachsen zwischen den Stoppeln geernteter Maispflanzen. Rechter Hand liegt ein zarter hellgrüner Teppich aus Klee. Olivenbäume säumen den Pfad zwischen Irâkis Feldern, dazwischen stehen Dattelpalmen. Wasserbüffel und Kühe mit langen Hörnern dösen im Schatten. In den nächsten Wochen wird Irâki die Winterkulturen ausbringen: Tomaten, Ringelblumen, Anis und Kümmel. Die Sommerpflanzen wie Sesam oder Pfefferminze hat er schon getrocknet und an SEKEM geliefert. Hinter einer Lehmmauer steht auf einem Platz eine grosse Kompostieranlage – sie ist das Herzstück jeder biologisch-dynamischen Farm. Der Kompost ist die Nahrung für den

Boden. Und über allem liegt ein betörender Duft von Basilikum, das auf einem kleinen Feld nebenan wächst. Das sei eine spezielle Sorte, erklärt Irâki. Sie riecht leicht nach Pfefferminze.

Der Umsatz von SEKEM wuchs – mit Ausnahme des Krisenjahrs 2009 – nach eigenen Angaben jährlich um fünfzehn bis zwanzig Prozent. Und dies ohne ein Gramm Agrochemie und ohne Gentechnik. Erreicht hat SEKEM das Wachstum mit einer Landwirtschaft, die auf Bodenfruchtbarkeit und Vielfalt setzt und die natürlichen Stoffkreisläufe einbezieht. Zudem bleibt die ganze Wertschöpfung bei SEKEM: Das Unternehmen verarbeitet, vertreibt und verkauft die Produkte selbst. Es zeigt, dass eine rentable Landwirtschaft und ein sorgsamer Umgang mit der Um- und Mitwelt keine Gegensätze sind.[72] Dafür erhielt Gründer Ibrahim Abouleish 2003 in Stockholm den Alternativen Nobelpreis. SEKEM sei ein Unternehmensmodell für das einundzwanzigste Jahrhundert, hiess es in der Laudatio, weil es wirtschaftlichen Erfolg mit sozialen und kulturellen Entwicklungen verbinde.

SEKEM ist ein fortschrittliches, innovatives Unternehmen. Es hält sich an die internationalen Fair-Trade-Regeln und verfolgt explizit eine Politik der Nulltoleranz gegenüber Bestechung. Zu den Grundsätzen des Unternehmens gehören darüber hinaus die Weiterbildung der Mitarbeitenden, die Förderung der Frauen, die Bildung von Gewerkschaften und eine geringe Lohnspreizung. Alle SEKEM-Firmen müssen jedes Jahr Rechenschaft über ihren CO_2-Footprint, ihre Energiesparmassnahmen und die Abfallverminderung

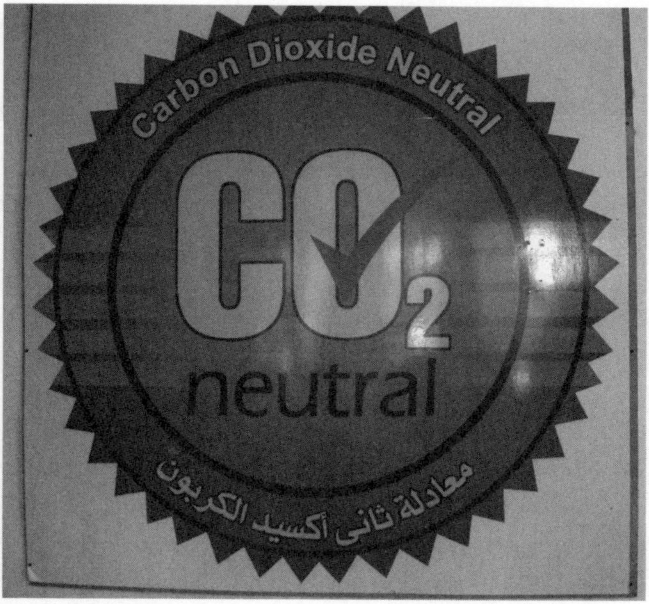

Jede SEKEM-Firma verpflichtet sich, weitestgehend CO_2-neutral zu wirtschaften

ablegen. SEKEM ist zudem international gut vernetzt: An der im Jahre 2000 gegründeten Heliopolis-Akademie forschen Wissenschaftler und Wissenschaftlerinnen aus dem In- und Ausland unter anderem an neuen Technologien für Solar- und Windenergie.[73] Forschung und Entwicklung haben einen grossen Stellenwert bei SEKEM, die Mitarbeiterinnen und Mitarbeiter werden geradezu aufgefordert, Ideen und Projekte einzubringen. Das Unternehmen hat sich zum Ziel gesetzt, dass jedes Jahr fünfzehn Prozent der verkauften Produkte Neuentwicklungen sind.[74] Zehn Prozent des Gewinns, den SEKEM mit den Bioprodukten erzielt, werden via

SEKEM-Stiftung in Bildung, Gesundheit und Kultur investiert. Für 2012 ist die Eröffnung der Heliopolis-Universität für nachhaltige Entwicklung in Ismailîja geplant. Hier sollen Studentinnen und Studenten den Bachelorgrad in Ingenieurwissenschaften, biologischer Landwirtschaft, Ökonomie, Pharmazie oder Sozialwissenschaften erwerben können.

Das Unternehmen forscht insbesondere intensiv an Wassersparmöglichkeiten. Der Wassermangel, der sich mit dem Klimawandel in Zukunft noch verschärfen dürfte, macht SEKEM und ganz Ägypten grosse Sorgen. In der Wüste muss alles bewässert werden. »Auf Regen kann man hier nicht hoffen. Es regnet nur drei- bis zehnmal pro Jahr«, sagt Landwirtschaftsfachfrau Angela Hofmann. Das bisschen Wasser, das zwischen November und Mai vom Himmel falle, reiche gerade aus, die staubigen Bäume und Büsche sauber zu waschen, »damit sie wieder schön grün sind und glänzen«. Heute stehen auf dem Gelände sieben Brunnen. So viele sind nötig, damit nur Süsswasser nach oben gepumpt wird. »Wenn man zu viel Wasser aus einem Brunnen fördert, wird das Wasser salzig, vermutlich zieht es durch den Sog Salz aus dem Gestein. Deshalb pumpen wir nur wenig Wasser auf einmal aus dem Boden. Wir achten ohnehin streng darauf, dass das Wasser sehr sparsam eingesetzt wird. Obwohl wir immer mehr Wüste begrünen, ist der Grundwasserspiegel bisher nicht gesunken«, sagt Angela Hofmann.

An der Heliopolis-Akademie gibt es ein Wasserdepartement, das Einsparpotentiale erforscht und neue Technologien für die Praxis entwickelt. Die Akademie, ein mo-

Huda Kamâl Sûssa

derner, heller Bau mit einer grosszügigen, von Säulen getragenen Empfangshalle, befindet sich in Kairo. Leiterin der Abteilung Wasserwirtschaft und -technologie ist Huda Kamâl Sûssa. Die junge Wissenschaftlerin empfängt uns in einem kleinen, kargen Sitzungszimmer mit lachsfarbenen Wänden und einem taubenblauen sechseckigen Tisch, über dem bloss eine Glühbirne baumelt. An der Wand hängt ein gerahmtes Foto von Ibrahim Abouleish, der einer vermutlich wichtigen Person die Hand schüttelt.

Fotos, auf denen »Doktor Abouleish«, wie ihn alle SEKEM-Mitarbeiter ehrfurchtsvoll nennen, Prominenten die Hand schüttelt, hängen in fast allen öffentlichen SEKEM-Gebäuden.

Huda Kamâl Sûssa trägt Jeans und eine türkisfarbene Bluse, ihr Haar hat sie locker zurückgebunden – eine moderne ägyptische Frau. Sie ist begeistert von Hightechgeräten, das merkt man bereits nach wenigen Minuten. Wasser spare SEKEM derzeit mit drei technischen Systemen, erläutert sie uns. Erstens: Die Pflanzen werden hauptsächlich über ein Tropfbewässerungssystem – übers Feld gezogene Schläuche, die Wasser an der Oberfläche tropfenweise und gezielt an die Umgebung abgeben – sowie Sprinkleranlagen bewässert. Den Wasserverbrauch habe man so um rund dreissig Prozent gegenüber der Flutungsmethode[75] senken können. Zweitens: Sämtliche Abwässer – von Toiletten- bis zu Küchen- und Industrieabwässern – werden biologisch rezykliert und zur Bewässerung von Bäumen wiederverwertet.[76] Drittens: SEKEM betreibt, weil das Grundwasser manchmal salzig ist, verschiedene Pilotanlagen zur Wasserentsalzung. »Die Methode der Zukunft ist aber die Unterbodenbewässerung«, ist die Wasserexpertin überzeugt. Bei diesem System werden Röhren zwanzig bis dreissig Zentimeter tief unter die Erde gelegt. Sie geben das Wasser tropfenweise direkt bei den Pflanzenwurzeln ab. Huda Kamâl Sûssa schätzt, dass SEKEM damit nochmals dreissig bis vierzig Prozent Wasser einsparen kann.[77] Ihr Lieblingsgerät ist derzeit der sogenannte Enviroscan, den sie gerade auf die Praxistauglichkeit hin testet. Dieser besteht aus einer senkrecht in die Erde eingelassenen Röhre, die alle zehn

Zentimeter einen Sensor enthält. Die Sensoren messen die Feuchtigkeit im Boden. Die Daten über den Feuchtigkeitsgehalt – zum Beispiel eines Ackers beim Bauern Radschab Irâki in Fajjûm – kann sie direkt am Computer in ihrem Büro in Kairo abrufen.[78]

Es gab in den drei Jahrzehnten auch immer wieder Rückschläge.[79] Einer davon hätte beinahe das ganze Unternehmen zugrunde gerichtet. Nach zehnjähriger Aufbauarbeit entdeckte das SEKEM-Labor in den Heil- und Baumwollpflanzen Pestizidrückstände. Ibrahim Abouleish erinnert sich noch gut an diesen Schock: »Wir konnten uns diese Kontamination zuerst nicht erklären. Wir selbst setzten ja keine synthetischen Schädlingsbekämpfungsmittel ein. Schliesslich begriffen wir, dass das Gift von den Flugzeugen stammte, die während der Wachstumsphase der Baumwollpflanze über die Felder flogen und grosszügig Pestizid versprühten – rund 35 000 Tonnen in achtzehn bis zwanzig Flugeinsätzen. Sämtliche Landwirtschaftsprodukte in Ägypten waren mit Pestiziden verunreinigt, auch unsere Bioprodukte.«

Das hätte das Ende Ihres Landwirtschaftsprojekts bedeuten können.

»Ja. Ich ging deshalb zu einem hohen Beamten des Landwirtschaftsministeriums und bat ihn, diese Pestizidduschen einzustellen. Er fragte mich, wie ich mir das denn vorstelle, der Pestizideinsatz sei enorm wichtig für die Baumwollwirtschaft, es gebe keine Alternative dazu. Da erst wurde mir bewusst, dass hinter diesem Einsatz die ganze Chemielobby steckte.«

Jeden Donnerstagabend versammeln sich alle SEKEM-Mitarbeitenden im Kreis und werden von Ibrahim Abouleish verabschiedet

Was unternahmen Sie?

»Das war für uns der Anlass, nach umweltverträglichen Alternativen zu suchen und das Landwirtschaftsministerium davon zu überzeugen. Wir untersuchten zuerst, welche Insekten in welchen Entwicklungsphasen die Pflanzen schädigen, und überlegten uns, wann und womit wir diese Schädlinge dezimieren können. Wir fanden biologische Mittel – hauptsächlich Duftstoffe – gegen diese Schädlinge und testeten sie auf Versuchsfeldern. Wir begannen in einem Gebiet, in dem die Schädlinge besonders aggressiv auftraten. Mein Sohn Hilmi war Tag und Nacht vor Ort – auch das Landwirtschaftsministerium kontrollierte unsere Versuchsfelder. Es gab eine hervorragende Ernte, sie war sogar grösser als in der konventionellen Baumwolllandwirtschaft mit Pestizideinsatz, und die Kosten waren dennoch in etwa gleich hoch.«[80]

Das überzeugte das Landwirtschaftsministerium?

»Es brauchte noch etwas Zeit. Wir mussten den Tatbeweis auch noch auf drei weiteren Feldern erbringen. Doch schliesslich war die Regierung überzeugt. Sie verbot Anfang der neunziger Jahre die Pestizideinsätze per Flugzeug und damit ein Milliardengeschäft der Chemieindustrie.«

Eine neue, grosse Herausforderung für SEKEM sind die Umbrüche im arabischen Raum. Wir besuchten SEKEM im Oktober 2010, drei Monate vor dem Beginn der Revolution in Ägypten. SEKEM begrüsst den demokratischen Aufbruch, sieht sich aber auch vor grossen Schwierigkeiten. Die ganze ägyptische Wirtschaft ist in eine tiefe Krise geraten. Kurz nach der Revolution sanken die Lebensmittelverkäufe um rund vierzig Prozent, wie SEKEM in ihrem Newsletter mitgeteilt hat. Der dramatisch reduzierte Umsatz auf dem ägyptischen Markt und die unsichere Zukunftsplanung machen SEKEM zu schaffen. Wie es mit diesem ungewöhnlichen und vielversprechenden Projekt weitergeht, ist noch offen.

Das World Economic Forum (WEF) hat SEKEM 2011 als einen von sechzehn »Nachhaltigkeitschampions« der Dritten Welt ausgezeichnet, die herausragende Leistungen zur Bewältigung von Umweltproblemen und sozialen Herausforderungen erbringen.

Hans Herren und Vandana Shiva

Monokulturen im Kopf

Die Lösung gegen den Klimawandel und den Hunger sei eine Landwirtschaft, die in Kreisläufen funktioniert und den Boden aufbaut – nicht Gentechpflanzen, betonen Vandana Shiva und Hans Herren.

Das Unternehmen SEKEM ist ein gutes Beispiel, wie mitten in der Wüste eine höchst erfolgreiche Landwirtschaft betrieben werden kann – ohne Agrochemie und ohne Gentechnik. Daneben gibt es viele weitere Erfolgsbeispiele in Afrika oder Indien: Kleinbauernfamilien, die Kooperativen gründen, mit Ressourcen sorgsam umgehen und dabei erst noch Gewinn machen.

Doch sind ökologische Landwirtschaftssysteme eine Option für die ganze Welt? Vandana Shiva und Hans Herren glauben an diese Vision. Sie setzen sich seit Jahren an vorderster Front dafür ein. Shiva wurde für ihre Arbeit mit dem Alternativen Nobelpreis, Herren für seine Verdienste mit dem Welternährungspreis ausgezeichnet.

Die indische Ökologin, Philosophin und Aktivistin Vandana Shiva ist weltweit bekannt für ihr Engagement gegen Agrogentechnik und die Patentierung unserer genetischen Ressourcen. Sie unterstützte Gentechkritikerinnen in der Schweiz bei Abstimmungskämpfen, überzeugte in Bayern 3000 Bäuerinnen und Bauern, sich aktiv gegen den Anbau genmanipulierter Pflanzen zu wehren, und sitzt in Expertengruppen, die Regierungen und UNO-Gremien beraten, wenn es um Biodiversität und Patentgesetze geht.

Shivas Lebenswerk aber ist Navdanya, eine Organisation, die sich für die Biolandbau-Forschung und die Erhaltung von Saatgut engagiert. Navdanya hat in ganz Indien vierundfünfzig Gemeinde-Saatgutbanken aufbauen geholfen, mit dem Ziel, lokal angepasste Kulturpflanzen zu retten, die durch die Monokultur-Landwirtschaft beinahe ausgestorben wären.[81]

Der Schweizer Insektenforscher Hans Herren leitete elf Jahre lang das International Centre of Insect Physiology and Ecology (ICIPE) in Kenia. Das Institut erforscht, mit welchen natürlichen Mitteln die schlimmsten Plagen Afrikas – Malariamücken, Tsetsefliegen oder Maisstängelbohrer – bekämpft werden können. Er war Vizevorsitzender des von der Weltbank initiierten Weltagrarrats, der 2008 den Weltagrarbericht veröffentlichte.[82] Über 400 Wissenschaftlerinnen und Wissenschaftler aller Kontinente hatten sich sechs Jahre lang der Frage gewidmet, welche Landwirtschaft, Technologie und Forschung es braucht, um Hunger und Armut langfristig möglichst effizient und kostengünstig zu bekämpfen sowie den Herausforderungen des Klimawandels zu begegnen.[83]

Viele behaupten, zur Lösung von Hunger und Armut sei Gentechnik unabdingbar. Mittels Gentechnik könne man zum Beispiel dürreresistente Pflanzen erzeugen. So möchte der US-amerikanische Agrokonzern Monsanto demnächst ein neues Set von Genen lancieren, mit denen die Dürreresistenz von Pflanzen verbessert werden könne.

Vandana Shiva: »Monsanto behauptet immer wieder, die Lösung für alle Klima- und Ernährungsprobleme zu haben.

Der Konzern sagt, man könne die Toleranz von Pflanzen gegen Dürre, gegen Überschwemmungen oder gegen die Versalzung der Böden mit modernen Technologien erhöhen. Die erwünschten Eigenschaften könne man gentechnisch herstellen. Dabei sind all diese Eigenschaften bei Pflanzen bereits natürlich vorhanden. Wir haben heute schon eine grosse Vielfalt an dürreresistenten Pflanzen, die über Jahrhunderte von den Bauern herangezüchtet wurden. Sonst könnte man in Wüstengegenden gar keine Landwirtschaft betreiben.[84] Wir haben in Indien sowohl Reissorten, die Dürre ertragen, wie auch solche, die geflutet werden können. Da gibt es einen über fünf Meter hohen Reis, der in den Fluten des Ganges wächst. Er wird vom Boot aus geerntet. Die Gentechnik bei Pflanzen ist eigentlich eine Nachzüglertechnologie – sie hinkt den Zuchterfolgen der Bauern und Bäuerinnen weit hinterher.«

Hans Herren: »Dazu kommt, dass sich bisher keine einzige genmanipulierte Pflanze mit einer Dürreresistenz auf dem Feld bewährt hat, obwohl doch schon sehr lange und sehr intensiv daran gearbeitet wird. Mich erstaunt dies nicht. Eine manipulierte Pflanze mag zwar im Labor und im Gewächshaus Trockenheit ertragen – im Feld sieht es dann aber anders aus. Fast immer verliert die genmanipulierte Pflanze andere lebenswichtige Eigenschaften; sie wird zum Beispiel anfälliger für Krankheiten und Schädlinge. Bisherige Untersuchungen haben auch gezeigt, dass bei der Trockentoleranz einer Pflanze viele Gene involviert sind. Es gibt kein ›Dürreresistenzgen‹.«[85, 86, 87]

Auch der Weltagrarbericht erwähnt Gentechnik nur am Rand.

Hans Herren: »Die am Bericht beteiligten Wissenschaftlerinnen und Forscher schliessen Gentechnik nicht gänzlich aus. Doch sie schätzen deren Beitrag als gering ein. Gentechnik hat bisher kein einziges drängendes Problem in der Landwirtschaft und der Lebensmittelsicherheit gelöst. Und es braucht noch viel Forschung zu den Risiken für Mensch und Umwelt.«

Vandana Shiva: »Und wenn Bauern und Bäuerinnen einmal bei einem Konzern genmanipuliertes und patentiertes Saatgut von dürreresistenten Pflanzen einkaufen, dann müssen sie es immer kaufen, auch in Jahren mit viel Regen. Dann aber sind dürreresistente Sorten nutzlos – sie werfen keine guten Erträge ab. Wir wissen ja, wie die Industrie funktioniert, wir kennen ihr zentralisiertes Management und wissen um ihre Unfähigkeit, mit Diversität umzugehen. Alle grossen Agrokonzerne haben zudem Patentgesuche auf sogenannte ›klimarelevante Gene‹ eingereicht. Mehrere Hundert sind es inzwischen, wie eine Studie zeigt.[88] Diese Agromultis streben die Kontrolle über den riesigen zukünftigen Saatgut- und Lebensmittelmarkt an. Das halte ich für gefährlich.«

SEKEM schafft aus Wüste fruchtbare Gärten, mit Biolandbau und ganz ohne Gentechnik. Was uns erstaunt hat: Sie unternehmen keine grossen Anstrengungen, um dürreresistente Pflanzen zu züchten. Viel wichtiger sei ein gesunder und lebendiger Boden. So kann eine Pflanze mit wenig Wasser über längere Zeit auskommen und trotzdem guten Ertrag abwerfen.

Hans Herren: »Dem stimme ich zu. Um das Problem der Dürre anzugehen, müssen wir den ganzen Kreislauf, das gesamte System berücksichtigen: Es braucht guten Boden, eine grosse Vielfalt, Mischkulturen, geeignetes Saatgut – und einen funktionierenden Markt.[89, 90, 91] Allein das Saatgut zu optimieren greift zu kurz. Denn die Auslaugung und Verarmung der Böden ist ein zentrales Problem in vielen Ländern.[92] Jedes Jahr gehen 100 000 Quadratkilometer Boden – also mehr als die doppelte Fläche der Schweiz – wegen zu intensiver, nicht angepasster Nutzung durch Erosion verloren. Immer mehr Gegenden versteppen. Doch auf einem solchen ausgelaugten und kaputten Boden kann auch der beste Hightechsamen nicht mehr wachsen. Darum ist es richtig: Beim Umgang mit Dürre und Trockenheit ist ein gesunder Boden von allergrösster Bedeutung. Man muss diese Böden – auch Wüstenböden – mit den Prinzipien der biologischen Landwirtschaft nachhaltig neu aufbauen, das ist unsere einzige Chance. Es ist doch verrückt: Wir wissen alles über das Reisgenom, wir kennen alle Gene, aber wir wissen fast nichts über den Boden, das Medium, in dem der Reis wächst. Wir wissen fast nichts über Bodenmikroben, Insekten und Pilze und wie dies alles zusammen funktioniert. Da liegt noch ein sehr grosses Potential brach – da braucht es dringend mehr Forschung.«

Vandana Shiva: »Diese Erfahrungen mit den Böden haben wir auch in Indien immer wieder gemacht. Der Boden ist die Versicherung für die Zukunft. Dort, wo früher ausgelaugte, von Monokulturen zerstörte Böden brach lagen, haben wir heute fruchtbare Farmen. Bäume sind dabei ein zentraler Bestandteil. Die Agroforstwirtschaft – also eine Landwirtschaft mit Bäumen und Pflanzenkulturen – ist speziell bei den unsicheren Klimaverhältnissen eine gute Sache. Bäume ergeben viel organisches Material. Sie schützen zudem vor Wind, befestigen mit ihren Wurzeln den Boden, geben Schatten und schützen den Boden vor Austrocknung.[93] Im östlichen Indien erlebten wir zwei wirklich schlimme Dürrejahre. Nur die Bauernfamilien, die auf ihrem Land Bäume angepflanzt hatten, biologische Landwirtschaft betrieben und Kulturen anbauten, die wenig Wasser benötigten, wie zum Beispiel die Fingerhirse, überlebten die Dürre.[94] Khejribäume *(Prosopis cineraria)* sind da besonders geeignet, man sieht sie überall. Sie sind heilig und werden in vielen hinduistischen Zeremonien verehrt.«

Hans Herren: »Ist das ein bohnenartiger Baum, eine Leguminose?«

Vandana Shiva: »Ja, wir essen die Bohnen des Baumes – sie werden gekocht wie grüne Bohnen. Wir machen auch Pickles daraus. Die Blätter werden als Futtermittel für das Vieh gebraucht, das Holz als Bau- oder Brennholz … Alles, restlos alles wird verwendet und wieder in den Kreislauf zurückgeführt.«[95]

Haben Sie in Kenia ähnliche Erfahrungen gemacht?

Hans Herren: »Ja. Mit einfachen Methoden, die wir am ICIPE zusammen mit Bäuerinnen und Bauern entwickelten, konnten wir die Maiserträge vielerorts langfristig verdrei- bis verfünffachen. Die Bodenfruchtbarkeit hat dadurch nicht ab-, sondern zugenommen, dank Mischkulturen, Bäumen und dem Einbezug von Tieren. Dies alles deckt sich auch mit den Kernaussagen des Weltagrarberichts. Dieser fordert eine radikale Umkehr, weg von einer hochindustrialisierten Landwirtschaft hin zu einer vielfältigen, lokal angepassten ›Lowtech‹-Landwirtschaft. Er plädiert zudem für eine Forschung, die auf die Probleme der Bauern eingeht und die Komplexität der lokalen Ökosysteme einbezieht.«

Warum aber hört man von offizieller Seite kaum mehr etwas von diesem Bericht?

Hans Herren: »Das ist tatsächlich erstaunlich. Innerhalb der Weltbank, die das Projekt angestossen hatte, und der UNO führte der Bericht in den Chefetagen kaum zu Diskussionen.«

Vandana Shiva: »Das ist das, was ich Monokulturen im Kopf nenne. Wie ein religiöses Dogma wird propagiert, dass es die hochindustrialisierte Landwirtschaft mit transgenen Pflanzen brauche, um Hunger und Armut zu bekämpfen. Nur so, heisst es, könnten die nötigen Mengen produziert werden. Wenn man das lange genug wiederholt, glauben es die Leute. Diese eindimensionale Sicht funktioniert aber nicht.«

Hans Herren: »Der Weltagrarbericht wurde 2008 von neunundfünfzig Ländern verabschiedet. Seither sind wieder mehrere grosse Studien erschienen, die zu gleichen Resultaten gekommen sind. Vielleicht bewegt sich doch etwas? Das ist meine Hoffnung. Denn Agroökologie kann und muss zum System erster Wahl auf der ganzen Welt werden. Biolandbau kann sowohl auf kleinen wie auch auf grossen Flächen betrieben werden – das zeigen Hunderte Beispiele.[96] In vielen Gegenden der Welt, wo die Erträge heute klein sind, gibt es ein grosses Potential für die sofortige Steigerung der Produktivität. Und dadurch, dass die biologische Landwirtschaft arbeitsintensiver und lukrativer ist als die industrielle, wird es mehr und besser bezahlte Arbeitsplätze geben. Biologische Landwirtschaft ist ausserdem viel weniger von externer Energiezufuhr abhängig, es wird Kohlenstoff aufgenommen statt produziert. So wird die Landwirtschaft beim Klimawandel Teil der Lösung und nicht Teil des Problems.«

Chipko-Frauen an einem Saatgutfestival in Nordindien, das von Navdanya mitorganisiert wurde

Urs Niggli vor der Kartoffelparzelle des DOK-Versuchs (zuvorderst die konventionell angebauten Kartoffeln, dahinter die biologisch-dynamisch und dann die biologisch-organisch angebauten)

Die Illusion der modernen Landwirtschaft

Urs Niggli, Direktor des Forschungsinstituts für biologischen Landbau in Frick, war einst selbst fasziniert von der Möglichkeit, den Ertrag mittels Agrochemikalien zu steigern.

Für den Laien ist es nur ein Stück Land. Für Urs Niggli ist dieser Acker etwas Besonderes: Er ist ein »Kulturdenkmal« und enthält wertvolle Informationen für die Gesellschaft. Das Land liegt versteckt in einer Senke am Ortsrand von Therwil (Kanton Basel-Landschaft), ist einen Hektar gross und unterteilt in sechsundneunzig fünf mal zwanzig Meter grosse Parzellen. Seit fünfunddreissig Jahren läuft hier ein weltweit einzigartiges wissenschaftliches Experiment. Es trägt den Namen DOK. Das Akronym steht für *D*ynamisch, *O*rganisch, *K*onventionell.[97]

Auf den Parzellen vergleicht das Forschungsinstitut für biologischen Landbau in Frick (FiBL), das Urs Niggli leitet, gemeinsam mit der eidgenössischen landwirtschaftlichen Forschungsanstalt Agroscope Reckenholz-Tänikon drei verschiedene landwirtschaftliche Anbausysteme: biologisch-dynamische, biologisch-organische und konventionelle Produktion. »Das ist unser wichtigstes Experiment«, sagt Urs Niggli. Einzigartig am DOK-Versuch ist seine Dauer. Er liefert keine schnellen Resultate, sondern fordert von den Wissenschaftlerinnen und Wissenschaftlern Geduld. Die ersten Ergebnisse publizierte das Forschungsinstitut erst nach einundzwanzig Jahren. Denn Bodenfruchtbarkeit und Biodiversität verändern sich nur langsam. »Langzeitversuche sind für die Landwirtschaft existentiell«, erklärt Urs Niggli. Die Resultate waren so spektakulär, dass das unscheinbare Stück Land schlagartig berühmt wurde. Sogar das US-amerikanische Wissenschaftsmagazin *Science* berichtete ausführlich über das Projekt im unteren Baselbiet. »Diese Publikation brach eine Lanze für den Biolandbau in der internationalen wissenschaftlichen Gemeinschaft«, sagt Niggli.

Es ist über zwanzig Grad warm an diesem 13. Mai 2011, dem Tag des heiligen Servatius, eines der Eisheiligen. Seit Wochen schon hat es nicht mehr geregnet. Auch das »Kulturdenkmal« in Therwil hat von der Trockenheit Risse erhalten. Der Acker wird nicht bewässert. Urs Niggli zieht seine Jacke aus, krempelt die Ärmel seines hellblauen Hemdes hoch und führt uns die Parzellen entlang. »Alles, was hier angebaut wird, wächst im gleichen Boden unter denselben klimatischen Bedingungen.« Die Parzellen sind jeweils nur durch einen ein Meter breiten Streifen Gras voneinander getrennt, das ermöglicht einen exakten Vergleich. Niggli nennt die Parzellen »Fenster verschiedener Betriebe«. Angebaut werden Getreide, Feldgemüse und Gras in siebenjähriger Fruchtfolge.[98] In diesem Frühjahr wurden Kartoffel, Soja und Wiese gepflanzt. Wiese? Niggli führt uns zur Wiesenparzelle. Ganz vorn an der Zufahrtsstrasse wächst konventionell bewirtschaftete Wiese, dahinter biologisch-dynamische, dann biologisch-organische Wiese. Das Gras ist schon einen halben Meter hoch. »Die Wiese ermöglicht dem Boden und seinen Bewohnern Erholung. Die Regenwürmer zum Beispiel können sich besser vermehren«, erklärt Niggli. »Gerade im juvenilen Stadium reagieren diese sehr empfindlich auf mechanische Einwirkungen oder Pestizide.« Zudem verbessere die intensive Durchwurzelung die Bodenstruktur, und der Klee liefert dem Boden gratis umweltfreundlichen Stickstoff. Viele konventionelle Bauern verzichten aber auf die Ruhephase mit Gras, weil sie in dieser Zeit dort nichts anbauen können. Ihre Rechnung lautet: Ein Drittel Gras bedeutet ein Drittel weniger Ertrag. Niggli dagegen denkt in Zusammenhängen und langfristig: »Die Wiese ist die Mutter des Ackers«, sagt er, »und sie liefert besseres Viehfutter als ein Getreideacker.«

Auf den nächsten drei Parzellen wachsen Kartoffeln. Bei der konventionellen Produktion dürfen die Pflanzen mit Herbiziden, Fungiziden und Insektiziden behandelt werden. Doch nicht beliebig: Agrochemikalien werden nur dosiert eingesetzt, nach den Vorgaben der Integrierten Produktion (IP), so wie dies die meisten konventionellen Bauern in der Schweiz praktizieren. Die Spritzmittel würden die Biokartoffeln nicht beeinträchtigen, sagt Urs Niggli. Gespritzt werde nur, wenn es windstill ist, und die Pflanzenschutzmittel verteilten sich im Boden vertikal, nicht horizontal, sie könnten also nicht in die benachbarten Parzellen gelangen. Die aufgehäufelten dunkelgrünen Kartoffelpflanzen wirken auf allen drei Parzellen kräftig. Mit blossem Auge sieht man keine Unterschiede zwischen den drei Anbausystemen. Es ist noch zu früh im Jahr. Selbst Niggli muss auf dem Plan nachschauen, welche Parzelle zu welcher Anbaumethode gehört. Die Unterschiede sind aber gerade bei der Kartoffel in der Regel bereits nach einigen Wochen zu erkennen. Zum Nachteil der Biokartoffel: Ihre Blätter werden schnell braun und sterben ab – schuld ist die durch einen

Pilz verursachte Kraut- und Knollenfäule. Die Kartoffeln sind eine krankheits- und schädlingsanfällige Kultur. Die IP-Kartoffel wird gegen den Pilz gespritzt, die Biokartoffel nicht. Sie verzeichnet denn auch seit Versuchsbeginn vor fünfunddreissig Jahren die schlechtesten Erträge.

Eine für die Schweiz spezielle Pflanze wächst auf der nächsten Parzelle, zu der uns der FiBL-Direktor führt: Soja. Die Pflanzen haben eben erst zu keimen angefangen, sie wirken jetzt im Mai noch ganz zart. Soja ist kein einheimisches Gewächs. »Doch die Schweiz ist, wie die EU, sehr hungrig danach«, erklärt Niggli. Soja ist ein eiweissreiches Rinder-, Schweine- und Hühnerfutter und wird heute vor allem in den USA, Brasilien, Argentinien, China und Indien angebaut und nach Europa exportiert. Niggli hat grosse Bedenken angesichts des steigenden Exports des Tierfutters, für dessen Anbau in Brasilien Regenwälder gerodet werden.[99] »Mit der Kultivierung von Soja in der Schweiz können wir diese ökologisch und ethisch fragwürdigen Exporte verkleinern.« Im DOK-Versuch war biologische Soja gleich ertragreich wie konventionelle.

Rechnet man die Erträge aller im DOK-Versuch angebauten Kulturen von 1978 bis 2005 zusammen, dann ist Bio um achtzehn Prozent weniger produktiv als konventionell angebaute Kulturen.[100] Achtzehn Prozent weniger Ertrag – heisst das, es braucht entsprechend mehr Land, damit man auf die gleiche Menge Nahrungsmittel wie in der konventionellen Landwirtschaft kommt? »Das ist so«, bestätigt der Agronom. »Doch das Problem ist: Die ganze Agrarentwicklung ist auf einer Illusion aufgebaut, auf der Illusion, dass alles ewig verfügbar ist: fossile Energien, Wasser, Phosphat- und Stickstoffdünger. Aber die Ressourcen sind, wie heute alle wissen, endlich.« Gerade von diesen Ressourcen verbraucht der Biolandbau viel weniger: Er setzt nur die halbe Menge Dünger ein und verbraucht rund fünfzig Prozent weniger fossile Energie als die konventionelle Landwirtschaft. Allein für die Herstellung eines Liters Kunstdünger braucht es einen Liter Erdöl. Synthetische Agrochemikalien kommen im Biolandbau überhaupt nicht zum Einsatz. »Da finde ich nur achtzehn Prozent weniger Ertrag schon sehr bemerkenswert«, sagt Urs Niggli. »Der DOK-Versuch hat gezeigt, dass der Biolandbau objektiv mehr aus dem Boden herausholt als die konventionelle Landwirtschaft. Den geringeren Ertrag macht er durch ökologische Vorteile mehr als wett.«[101]

Mit ökologischen Vorteilen meint der FiBL-Direktor die Bodenfruchtbarkeit. Der Unterschied zwischen den Biofeldern und konventionellen Feldern sei »massiv«, sagt Niggli. Regelmässige Bodenproben hätten gezeigt, dass die Bioparzellen eine grössere, vielfältigere und aktivere Gemeinschaft an Organismen beherbergen. Das gilt insbesondere für Bodenmikroben, wie Bakterien, Einzeller und Algen, die den Nährstoffkreislauf im Boden schliessen und den Pflanzen die Mineralstoffe wieder verfügbar machen. Die Masse der Kleinstlebewesen im Boden war in Bioböden bis zu vierzig Prozent grösser als in konventionell bewirtschafteten Böden. Das gilt auch für die Mykorrhizapilze, die symbiotisch mit den Pflanzen leben (vgl. das Kapitel »Hirse füttert Flachs«). Die Pflanzenwurzeln in den Biofeldern waren im Schnitt vierzig Prozent stärker von Mykorrhizapilzen kolonisiert. Das Pilzgeflecht ist teilweise auch für die stabilere physikalische Struktur dieser Böden verantwortlich. Auch die Regenwürmer ziehen den Bioboden vor: Hier graben fünfzig bis achtzig Prozent mehr Regenwürmer als in den konventionell bearbeiteten Böden. Regenwürmer sind wichtig, weil sie den Boden mit ihren Tunnels lockern und den Pflanzenwurzeln dadurch die Verankerung erleichtern. Zudem düngen sie mit ihrem Kot den Boden. Auch Laufkäfer, Spinnen und Kurzflügler tummeln sich in den Biofeldern doppelt so häufig. Viele dieser Tiere sind wichtige Schädlingsvertilger. Eine hohe Anzahl verschiedener Würmer und Insekten verweist auf einen qualitativ guten Boden.

Mit blossem Auge für uns nicht erkennbar, zeigt sich der grosse Unterschied zwischen dem biologischen und dem konventionellen Anbausystem vor allem in Extremsituationen: Bei langer Trockenheit und bei starken Niederschlägen sind die Bioböden dank des besseren Humusgehalts, der Wühl- und Verdauungstätigkeit der Regenwürmer und des dichteren Mykorrhizanetzes im Vorteil – der Boden vermag das Wasser viel besser aufzunehmen und zu speichern. Dazu kommt, dass ein gesunder Humusboden mehr Kohlenstoff zu speichern vermag als ein konventionell bewirtschafteter Boden. Zum Aufbau von Humus braucht es Kohlenstoff – er wird als CO_2 aus der Luft geholt. Fruchtbare Böden sind somit lebendige Kohlenstoffspeicher. Das zeigt nicht nur der DOK-Versuch, das haben auch zahlreiche andere Langzeitstudien aus aller Welt belegt.[102]

Gerade deshalb hat der Versuch Aufsehen erregt: Es wurde erstens bewiesen, dass der Biolandbau langfristig wirtschaftlich ist, zweitens, dass er die Biodiversität und die Bodenfruchtbarkeit erhöht, und drittens, dass er auch gut

Il Paradiso di Frassina: Der Weinberg von Giancarlo Cignozzi. Die Lautsprecher sind gut sichtbar. Im Hintergrund der Hügel mit dem Städtchen Montalcino

Mit einem sogenannten Multielektroden-Array (MEA, schwarze Linien) können Stefano Mancuso und sein Team elektrische Netzwerkaktivitäten der Wurzelspitze messen. Das Gerät registriert einerseits, wie und mit welchen elektrischen Aktivitäten eine Wurzelspitze auf Stress (Wärme, elektrische Stimulation etc.) reagiert, und andererseits, wie sie im Normalzustand permanent elektrische Signale abgibt

Venusfliegenfallen im Gewächshaus von Stefano Mancuso

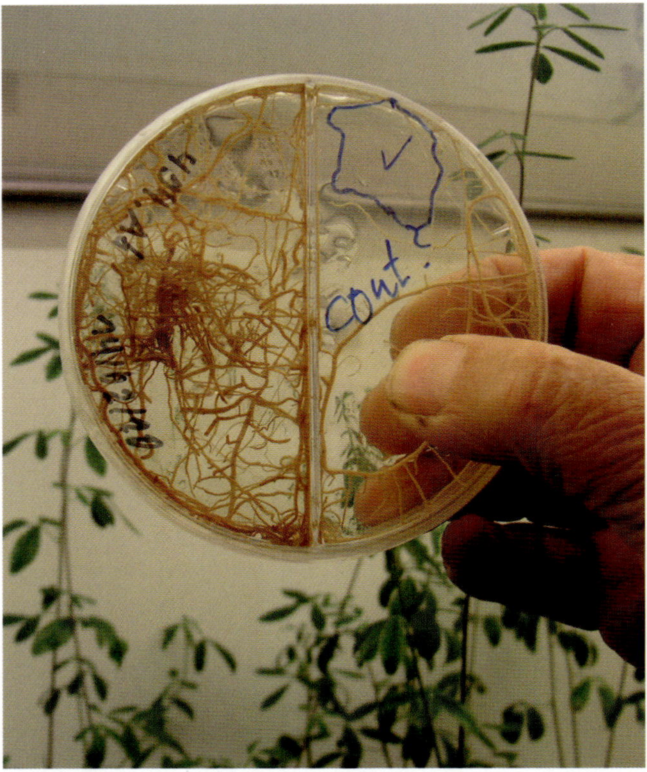

Mykorrhizapilze werden auf Karottenwurzeln gezüchtet

Limousinkühe und -kälber von Franz Gassmann auf der Weide
in Dagmarsellen (Kanton Luzern)

Bororo-Zebus in der Wüste des Niger

SEKEM: Üppiges Wachstum …

… wo einst Wüste war (hier mit Denise Battaglia
und Florianne Koechlin)

Eine Ziege bei der Siesta vor der Haustür von Biobauer Radschab Irâki

Artenvielfalt und Mischkulturen – eine Chance für die Landwirtschaft: Mischkultur von Quinoa und Lupine in Peru

Mischkultur von Mais und Wicken in Peru

Mischkultur von Sonnenblume, Sorghum und Mais
in Wiebrechtshausen (Niedersachsen)

Traditioneller »Rheintaler Ribelmais«/Schwefelbohnen-Mischanbau
in Salez (Kanton St. Gallen)

Der DOK-Versuch des FiBL zeigt: Dank höherer Aktivität des Bodenlebens verbessert sich die Bodenstruktur der biologisch bewirtschafteten Parzellen (oben) im Vergleich zu den konventionell bewirtschafteten Parzellen (unten). Der Bioboden ist krümeliger, das Regenwasser dringt besser ein, und der Boden verschlämmt weniger

Experiment am FiBL: Induzierte Resistenz bei Reben. Das Immunsystem der Rebe unten wurde mit pflanzeneigenen Stoffen (PEN) aktiviert, danach wurden beide Pflanzen mit Mehltauerregern inokuliert. Bei der unbehandelten Rebe oben hat sich der Mehltauerreger (weisser Belag) stark ausgebreitet. Die Rebe mit aktiviertem Immunsystem (unten) kann sich viel besser gegen den Erreger zur Wehr setzen. Eine Chance für die Landwirtschaft

Universität für Gastronomische Wissenschaften in Pollenzo (Piemont)

Urban Gardening mitten in Paris

Dmitri Beljajew mit seinen Silberfüchsen

Berggorilla-Mutter und -Kind in Ruanda

Natur neu denken

für das Klima ist. Für Urs Niggli hat das Experiment vor allem eines gezeigt: »Wir müssen zu Systemen kommen, die in die Bodenfruchtbarkeit investieren, um die Erträge zu steigern, und die in die Vielfalt investieren, um die Erträge stabil zu halten.«

Den konstant guten Ertrag hatte 1978, als das FiBL das Experiment startete, kaum jemand erwartet. Die wenigen Biobauern, die es in den siebziger Jahren in der Schweiz gab, wurden vom Gros der Bauern als rückständige und weltfremde Romantiker belächelt, von den Wissenschaftlern und Landwirtschaftsbehörden ignoriert: Die Forschung über den Biolandbau galt als unseriös. Der Start des Experiments war nicht einfach, die Vorurteile gross: »Die Biobauern standen unter Verdacht, dass sie nachts heimlich ihre Felder mit Pestiziden und synthetischem Dünger behandeln«, erzählt Niggli.[103] Zu dieser Zeit herrschte ein fast blinder Glaube an die moderne Agrartechnik und -chemie. Eine ertragreiche Nahrungsmittelproduktion ohne Chemiekeule schien vielen nicht möglich.

Urs Niggli war in den achtziger Jahren selbst ein »Chemiehaudegen«, wie ihn der Bündner Biobauer und ehemalige Nationalrat Andrea Hämmerle einst rückblickend nannte. Niggli wuchs in bäuerlicher Umgebung im solothurnischen Wolfwil »inmitten eines grossen Obstgartens« auf und half als Kind auf den benachbarten Bauernhöfen bei der Heu-, Apfel- und Kartoffelernte mit. Als Zwanzigjähriger liebäugelte er dann sogar damit, als Aussteiger im Tessin Bergbauer zu werden. Doch der Sog der Wissenschaft war stärker. Niggli studierte an der Eidgenössischen Technischen Hochschule Zürich Agronomie und spezialisierte sich auf die Unkrautphysiologie. Die Unkrautbekämpfung auf Wiesen mit Herbiziden war das Thema seiner Dissertation. »Ich war fasziniert von der Möglichkeit, den Ertrag mittels Agrochemikalien zu steigern, von dieser Machermentalität«, erinnert sich Niggli. Es war die Zeit, als Totalherbizide wie »Roundup« oder »Basta« auf den Markt kamen. Die chemische Verbesserung oder gar Erneuerung von Wiesen war damals sehr beliebt. Man spritzte das Totalherbizid und säte danach eine Gras-Weissklee-Mischung. »Ich arbeitete mit dieser Methode vom Flachland bis in die Alpenwiesen hinein. Der Erfolg der Brachialmethode war jeweils gewaltig: Für ein oder zwei Jahre gab es prächtige Erträge, dann verwandelten sich die Wiesen und Weiden aber wieder in ihre ursprüngliche botanische Zusammensetzung zurück. Sie waren über viele Jahre noch stärker verunkrautet als vor der chemischen Behandlung und lieferten kaum mehr Erträge ab«, erzählt Niggli.

Zwischen 1985 und 1990 war er als Unkrautphysiologe bei der Eidgenössischen Forschungsanstalt für Obst-, Wein- und Gartenbau in Wädenswil für die Zulassung von Pestiziden zuständig. Doch Niggli begann zu zweifeln. Er kam in Kontakt mit Biobauern und dem biologischen Landbau. »Ich merkte, dass der Einsatz von Agrochemikalien zu nichts führt, dass er längerfristig im wahrsten Sinn des Wortes fruchtlos ist.« Die Verwendung naturfremder Stoffe in der modernen Landwirtschaft sei ihm vorgekommen wie ein riskantes Grossexperiment mit der Natur. 1990 wechselte der Agronom zum FiBL, der radikalen Alternative zur industriellen Landwirtschaft. »Heute bin ich überzeugt, dass die Landwirtschaft den Einsatz chemischer Substanzen massiv reduzieren muss, weil immer irgendwelche Ökosysteme darunter leiden. Am Schluss landet vieles in den Ozeanen, in denen die chemische Last ständig ansteigt«, sagt der achtundfünfzigjährige Vater von vier erwachsenen Kindern.

Man kann sich Niggli als »Chemiehaudegen« heute kaum vorstellen, ein Macher ist er geblieben. Und ein Wissenschaftler mit Bodenhaftung. Niggli trennt nicht zwischen Beruf und Privatem: Kollegen, Freunde und interessante Gesprächspartner finde er am FiBL und in seinem beruflichen Netzwerk auf der ganzen Welt. »Das ist meine Familie«, sagt er. Der Agronom zählt international zu den wichtigsten Biofachleuten, sein Institut zu den bedeutendsten Forschungs- und Dokumentationszentren für die Biolandwirtschaft. Unter seiner Führung ist das Institut stetig gewachsen: von 30 auf 130 Mitarbeiterinnen und Mitarbeiter. Das Institut, das auch zwei kleinere Schwestern in Frankfurt am Main und in Wien hat, gab Biorichtlinien für die Schweiz und die Internationale Vereinigung der ökologischen Landbaubewegungen (IFOAM) heraus, in deren Weltvorstand Niggli bis 2011 war. Die grosse Stärke des FiBL ist, dass es Wissenschaft und Praxis verbindet, international gut vernetzt ist und auch mit Entwicklungsländern Projekte durchführt.[104]

Das Institut zeichnet sich durch seine Offenheit aus und dadurch, dass es auch unkonventionelle Ansätze erforscht. Am FiBL haben Untersuchungen über die Auswirkung von Streicheleinheiten bei Kälbern (vgl. das Kapitel »Streicheln lohnt sich«) genauso Platz wie Molekularbiologie oder

Das FiBL testet: Schonende Bodenbearbeitung mit neuem Gerät, das nur ganz oberflächlich pflügt. Das schont Bodenlebewesen wie Regenwürmer und Mykorrhizanetze und führt zu mehr Humus

Sicherheitsforschung mit genmanipulierten Pflanzen in der Klimakammer. Die Wissenschaftlerinnen und Wissenschaftler untersuchen zum Beispiel, wie Pflanzenduftstoffe eingesetzt werden können, um Schädlinge zu bekämpfen, oder ob gegen den gefürchteten Mehltau das Immunsystem der Reben mit natürlichen Stoffen so angeregt werden kann, dass die Pflanze sich selbst zur Wehr zu setzen vermag. »Die Feldversuche mit einem wässrigen Extrakt eines Pilzmyzels waren sensationell wirksam«, sagt Niggli. In einem neuen Projekt tüftele man nun an konkreten Spritzpräparaten.

Das Forschungsinstitut arbeitet bei seinen Studien und Projekten mit etwa 500 Bauernbetrieben in der Schweiz und im Ausland zusammen. »Die Betriebe sind unser wichtigstes Forschungslabor. Wir machen uns das grosse Wissen der Bäuerinnen und Bauern zunutze«, betont Niggli.

FiBL-Forscher testen zum Beispiel auf Bauernbetrieben neue Geräte aus, die dereinst den Pflug ersetzen sollen, weil das mechanische, tiefe Wenden den natürlichen Aufbau des Bodens zerstört und insbesondere die Mykorrhizanetze zerreisst.[105] Die vom FiBL getesteten Geräte lockern den Boden lediglich leicht auf. Und mit dem Mykorrhizaspezialisten Andres Wiemken (vgl. das Kapitel »Hirse füttert Flachs«) von der Universität Basel wiederum untersuchten FiBL-Forscher in Indien, wie Mykorrhizen und Mischkulturen kaputte Böden wiederbeleben.

Ein anderes Projekt auf Bauernhöfen ist »Feed no Food«, welches das FiBL mit der Unterstützung der schweizerischen Supermarktkette Coop durchführt. In siebenundsiebzig Betrieben erforscht das FiBL, wie Kühe auf eine getreidelose Fütterung reagieren. »Denn die Kuh«, betont Urs Niggli, »ist seit Jahrtausenden ein Grasfresser.« In einem Teil ihres Magens, im Pansen, wird das Gras von Bakterien in wertvolle Eiweisse und in Energie umgewandelt. Menschen können Gras nicht verdauen. Wir brauchen also die Wiederkäuer. »Die Schweiz ist ein Grasland«, sagt Niggli. »Auf Alpweiden und in vielen Gebieten der Voralpen wächst nur Gras, hier können keine anderen Pflanzenkulturen angebaut werden. Trotzdem hat man in den letzten vierzig Jahren Kühen immer mehr Getreide gefüttert.« Das empört Niggli sichtlich. »Getreide, wie Soja oder Mais, sind für viele Menschen ein Grundnahrungsmittel. Doch heute wird bereits ein Drittel der weltweiten Getreideernten an Tiere verfüttert.«

Aber die Kuh produziert bei der Verdauung von Gras oder Heu doch auch viel klimaschädliches Methangas. »Ja, aber sie deswegen zu verteufeln ist ganz falsch! Das grosse Problem sind nicht die Kühe, sondern die totale Trennung von Viehwirtschaft und Ackerbau, wie wir dies heute weltweit beobachten können.[106] In der intensiven Schweinehaltung, bei grossen Kuhherden oder der Hühnermast fällt viel zu viel Gülle an. Im Boden kann Gülle zur Freisetzung von Lachgas führen, das für das Klima 300-mal schädlicher als CO_2 ist. Auf der anderen Seite werden riesige Ackerflächen ohne Viehwirtschaft betrieben. Dort fehlt diese Gülle zur Düngung der Felder. Stattdessen kauft man synthetischen Dünger in grossen Mengen. Weil das Erdöl so billig ist, ist auch der Kunstdünger billig. Das gewaltige Angebot an Nahrungsmitteln haben wir nur dem billigen Erdöl zu verdanken. Nicht die Kuh, sondern dieser Trend führte zu den massiven Umweltproblemen und den Riesenmengen an Klimagasen.«

Nie erhält man von Niggli eine einfache Antwort. Worüber auch immer man mit ihm diskutiert, stets versucht er Bezüge zum Ganzen herzustellen, immer ist er gedanklich schon ein paar Schritte weiter als seine beiden Diskussionspartnerinnen. Er sucht laufend nach Zusammenhängen und bezieht die Konsequenzen von Handlungen mit ein. Er komme, sagt der FiBL-Direktor, immer wieder zum gleichen Schluss, ob bei rülpsenden Kühen, globaler Landwirtschaft oder beim DOK-Versuch in Therwil: »Die Kunst der Zukunft ist, in Kreisläufen oder Netzwerken zu denken. Wir müssen endlich damit aufhören, alles isoliert und linear zu betrachten.«

FiBL-Experiment zur Artenvielfalt: Speziell selektionierte Wildblumen (hier Kornblumen) locken Nützlinge in das Kohlfeld, welche Kohlschädlinge wirksam bekämpfen können

Carlo Petrini

Slow Food, nicht Junkfood

Carlo Petrini wehrte sich 1986 mit einem gediegenen Spaghettiessen an der Spanischen Treppe in Rom gegen eine McDonald's-Filiale. Heute ist Slow Food eine internationale Bewegung.

Dass Slow-Food-Gründer Carlo Petrini kein Englisch spricht, scheint auf den ersten Blick Konzept zu sein: Die Vereinigung setzt sich für den Erhalt der regionalen Küche ein, entstanden als Gegenbewegung zum uniformen Fast Food aus den USA. Ihre erste Aktion war 1986 ein Spaghettiessen an einem festlich gedeckten Tisch an der Spanischen Treppe in Rom – ein gediegener Protest gegen die Eröffnung einer McDonald's-Filiale. Dass Petrini gegen alles Angelsächsische ist und sich konsequenterweise auch weigert, Englisch zu sprechen, würde zu diesem charismatischen Italiener passen, der auf der ganzen Welt gegen Fast Food aus den USA eintritt. Doch der Grund für seine englische Sprachlosigkeit ist Signora Trombetta, die Lehrerin, die ihm in der Schule Englisch hätte beibringen sollen. Sie habe ihn ständig angeschrien, erzählt Petrini. Deshalb nennt der Zweiundsechzigjährige sie noch heute so: »Frau Trompete«. Er kichert wie ein Schulbub, als er uns und einem britischen Journalisten, der für ein Weinmagazin schreibt, von seinem Trauma mit Signora Trombetta erzählt.

Wir sitzen auf der Restaurantterrasse auf dem Campus der von Slow Food gegründeten Universität in Pollenzo, fünfzig Kilometer südlich von Turin, der weltweit ersten Universität für Gastronomische Wissenschaften.[107]

Es ist Gründonnerstag, die Studentinnen und Studenten haben frei. Petrini lässt unter einem grossen weissen Sonnenschirm einen prickelnden Rosé servieren, dazu gibt es Wursträdchen und Käse. Wir lehnen uns zurück, geniessen diesen schönen Frühlingstag und beobachten fasziniert den Journalisten, der den Wein zu kauen scheint – bei jedem Schluck bewegt sich sein Kiefer auf und ab.

Slow Food galt lange Zeit als dünkelhafter Verein, dessen Mitglieder gar – so wie der britische Journalist – Wein kauen statt trinken. Bei seiner Gründung hatte er sich den »kulinarischen Genuss« auf seine Fahne geschrieben. »Ja, wir hörten oft den Vorwurf, elitär zu sein«, sagt Carlo Petrini. Am Anfang habe sich Slow Food tatsächlich nur auf den Genuss von lokalen Speisen und lokalem Wein konzentriert. »Aber heute sind wir auch eine Umweltbewegung. Wir haben gemerkt, dass eine industrielle Landwirtschaft mit Monokultur und Pestizideinsatz letztlich auf unserem Teller landet und die Vielfalt in der Küche reduziert.« Gastronomie könne man nicht isoliert betrachten. »Ein Gastronom, der nicht auch Umweltschützer ist, ist dumm«, sagt Petrini.

Slow Food denke heute in Zusammenhängen. Seit 2006 lauten die Regeln seiner »Neuen Gastronomie«: *»Buono, pulito e giusto«* – gut, sauber und gerecht. »Gut« heisst: Das Essen ist frisch zubereitet, schmeckt und regt die Sinne an. »Sauber« sind die Lebensmittel dann, wenn ihre Herstellung ressourcenschonend erfolgt, die ökologischen Kreisläufe einbezieht, die Umwelt nicht belastet und die menschliche Gesundheit nicht schädigt. Mit Gerechtigkeit meint die Vereinigung »gerechte Bedingungen für alle« – von der angemessenen Bezahlung der Bäuerinnen und Bauern über den Handel bis zum Verzehr.[108]

Essen, betont Petrini, sei untrennbar mit Politik, Landwirtschaft und Umwelt verknüpft. »Was wir essen, ist das Resultat unserer Handlungen.« Jeder Konsument handle bei seinem Einkauf politisch. »Wer stets nur das Billigste kauft, für den haben die Lebensmittel offensichtlich keinen Wert, ihm ist egal, wie das Tier gehalten wurde, von dem er nun ein Kotelett zum Spottpreis kauft.« So amüsant Petrini auch Anekdoten aus seiner Schulzeit erzählt, wenn es um die Wertschätzung der Lebensmittel geht, wird er ernst. Er scheint ehrlich betroffen von der Konsumkultur in den Industriestaaten und dem durch sie produzierten Abfallberg an Lebensmitteln. Das Essen, sagt er, habe in den vergangenen fünfzig Jahren massiv an Wert verloren. Lebensmittel würden nur noch als Konsumgut betrachtet und müssten vor allem billig sein.

Sie warnen davor, dass die Lebensmittel uns aufessen. Was meinen Sie damit?

»Die industrielle Produktion von Nahrungsmitteln frisst die Erde und ihre Ressourcen. Die Folge sind kaputte Böden und ein irrsinniger Wasserverbrauch. Doch der Boden und das Wasser sind unsere Lebensgrundlagen. Zweiundsiebzig Prozent des Frischwassers verschwendet die Landwirtschaft für die Massenproduktion, von der wir später einen Grossteil fortwerfen. Diese Verachtung von Nahrungsmitteln finde ich schlicht beschämend.«

Billiges kann man halt gedankenlos wegwerfen.

»Ja, und vor lauter Überfluss vergessen wir: Ohne Lebensmittel können wir nicht leben! Das sollte uns wieder bewusst werden. Mein Grossvater hat nach dem Essen jeweils die Brotkrumen auf dem Tisch mit der Hand zusammengewischt und gegessen. Brot war für meine Grosseltern etwas sehr Wertvolles. Heute muss Brot vor allem billig sein. Es hat keinen Wert mehr. Doch diese Haltung zerstört die bäuerliche Kultur und unseren Boden. Wir müssen der Nahrung wieder ihren wahren Wert zurückgeben, das heisst: weniger produzieren, weniger konsumieren, weniger wegwerfen. Der wichtigste Kampf heute ist der Kampf um die Lebensmittel.«

Qualitativ gutes Essen kann sich nicht jeder leisten.

»Das stimmt doch nicht! Richtig ist: Wir wollen nicht zu viel Geld für das Essen ausgeben. 1960 gab eine Familie in Europa zweiunddreissig Prozent ihres Einkommens für das Essen aus. Heute sind es zwischen neun und vierzehn Prozent: Nur neun Prozent geben die Engländer aus, vierzehn Prozent die Franzosen und Italiener. Fast ebenso viel wie für das Essen geben die Italiener für ihre Mobiltelefone aus, nämlich dreizehn Prozent. Auf qualitativ gute Lebensmittel zu achten ist keine Frage des Geldes. Man könnte ein bisschen weniger telefonieren und dafür etwas besseren Prosciutto essen. Wir vergessen ob dem Konsumwahn auch: Agrarerzeugnisse haben mehr Dimensionen als Autos oder Hi-Fi-Anlagen. Beim Essen geht es ja nicht nur um Energiezufuhr, es geht auch um Sinneserfahrung, Genuss, um das Zusammensein mit Freunden und Familie. Es geht um Liebe!«

Gerade der Fleischkonsum ist derzeit ein grosses Thema.

»Wir produzieren zu viel Fleisch, wir essen zu viel Fleisch. Die zunehmende Lust auf Fleisch in den Industrieländern und in der wachsenden Mittelschicht auf der ganzen Welt verbraucht immer mehr Landflächen für den Anbau von Futtermitteln für die Tiere.«

Wir müssen verzichten lernen?

»Das ist doch kein Verzicht! Wer weniger Fleisch isst, wird den Geschmack von Gemüse, Fisch oder Getreide entdecken. Er wird Vielfalt entdecken. Das ist ein Gewinn! Für mich hat das mit Glück zu tun. Ich habe gestern Abend bei mir zu Hause mit Freunden hervorragend gegessen – ohne Fleisch.«

Was haben Sie gegessen?

»Zuerst gab es eine Minestrone, eine Gemüsesuppe mit Brot, dann Taccole (Kefen), anschliessend Käse und zum Schluss Erdbeeren mit Wein. Es war phantastisch!«

Seit seiner Gründung kämpft Slow Food für den Erhalt der biologischen Vielfalt. Dazu gehören regionale Käsesorten ebenso wie Getreide, Gemüse und Wurst. Petrini befürchtet den schleichenden Verlust der lokalen Vielfalt. Sie werde zunehmend verdrängt und durch Fertignahrung ersetzt. Am Anfang trat Slow Food nur der Expansion von Fast-Food-Ketten wie McDonald's entgegen. Heute wehrt sich die Vereinigung auch gegen genmanipuliertes und patentiertes Saatgut. Beides mache Bäuerinnen und Bauern abhängig von ein paar wenigen Grosskonzernen, zerstöre traditionelles Wissen – und eben die regionale Vielfalt. Jedes Land, sagt Petrini, brauche seine eigene Landwirtschaft. Die Identität einer Region sei in deren Lebensmitteln am tiefsten verwurzelt. »Geben wir die Vielfalt auf, geben wir unsere Identität preis.«[109]

Zur Kultur gehört auch die Sprache. Wie sehr das Essen und die Sprache zusammenhängen, hat die italienische Sprachwissenschaftlerin Marylena Negro erforscht. In einer Studie zeigt sie auf, was in Murialdo, im Hinterland der ligurischen Provinz Savona, passierte, als die Landflucht einsetzte. Mit ihr verschwand nicht nur die Kastanie, das Grundnahrungsmittel der dortigen Bevölkerung, vom Speisezettel, sondern auch die lokale Sprache, der Dialekt des Tales. Bis in die 1950er Jahre, sagt Negro, hätten die Menschen in Murialdo, zu denen auch ihre Familie gehört, von der Kastanie gelebt. Ihre Grosseltern zum Beispiel konnten durch den Verkauf der getrockneten Kastanien ihre Rechnungen begleichen. Die Kastanie war zwar ein Armeleuteessen, doch sie wurde in Murialdo auf Dutzende Arten zubereitet: Sie wurde getrocknet oder frisch gegessen, als Brot, Beilage zu Fleisch oder als Minestrone. Alle Menschen im Tal verdienten ihr Geld mit der Kastanie: der Waldpfleger, die Kastaniensammlerin, der Werkzeugmacher ebenso wie der Bäcker. Die Kastanie prägte auch die lokale Sprache. »Die Menschen sprachen in der Kastaniensprache miteinander«, erzählt Marylena Negro am Telefon.

Als immer mehr Menschen aus Murialdo wegzogen, verschwanden auch der Waldpfleger, die Kastaniensammlerin und der Werkzeugmacher. Den Kastanienbäumen, vom Menschen einst kultiviert, fehlte plötzlich die pflegende Hand. Die Bäume verwilderten oder gingen ein, mit ihnen auch die von ihnen abhängigen Pilze und Pflanzen – und der an die Bäume gebundene Dialekt: Mit dem Handwerk verschwanden auch die spezifischen Ausdrücke. Marylena Negro nennt ein Beispiel: Das Wort *gbrundavi* bezeichnet jene Männer, die auf das Schneiden und Säubern der Kastanienbäume spezialisiert waren und für diese Arbeit von Wald zu Wald pilgerten. Diese Berufsbezeichnung kennt heute fast niemand mehr. Es gibt gerade noch zehn Leute, die den Kastaniendialekt sprechen.[110]

Heute seien weltweit fast 6000 Sprachen und Dialekte vom Aussterben bedroht, ergänzt Carlo Petrini. »Eine Sprache widerspiegelt unsere Sicht auf die Welt, die Begriffe beschreiben Traditionen und Arbeitsweisen, Werkzeuge und Naturphänomene. Die Sprache ist ebenso Teil der kulturellen Identität der Gemeinschaften, wie es die Lebensmittel sind, die Art, zu produzieren und zu verkaufen, die Art, zu feiern, zu erzählen und eine kollektive Erinnerung zu bewahren.« Das Ganze, also das gesamte lokale System und nicht nur ein Teil davon, müsse geschützt, bewahrt, am Leben erhalten werden.

Deshalb hat Slow Food Terra Madre (Mutter Erde) gegründet, ein internationales Netzwerk, dem heute rund 1600 Gemeinschaften oder Lebensmittelbündnisse in 153 Staaten angehören, viele davon in Ländern des Südens. Hier stehen die Lebensmittel im Zentrum. Ein Beispiel für ein Lebensmittelbündnis ist Youth Food Movement, 2007 von Jugendinitiativen aus der ganzen Welt unter der Schirmherrschaft von Slow Food USA und der Universität für Gastronomische Wissenschaften in Pollenzo gegründet. Heute umfasst Youth Food Movement allein in den USA Tausende junger Bauern und Studentinnen, Aktivistinnen und Köche. Ihr Austausch findet zu einem grossen Teil über *Facebook* und *Twitter* statt.

Ein weiteres Beispiel sind Bündnisse zwischen Stadtbewohnern und Bauernhöfen in ganz Europa und in den USA. Diese reichen von wöchentlichen Abo-Gemüsekisten ab Hof, wie es sie auch in der Schweiz gibt, bis hin zu ganz unterschiedlichen Solidaritätsvereinbarungen zwischen Bauern und Abnehmern.[111] In Entwicklungsländern wiederum hat Terra Madre bei der Gründung zahlreicher lokaler Bauernmärkte mitgeholfen.

Ein Lieblingsprojekt von Slow Food sind »essbare Schulgärten«. Vor über zehn Jahren legte die Vereinigung in Italien und den USA erste Gemüsegärten in Schulen an, in denen Kinder ihr eigenes Essen anpflanzen konnten. Dabei lernten sie nicht nur, wie man Gemüse zieht, »sie entwickelten auch ihren Geschmackssinn«, sagt Carlo Petrini. Die ersten Schulgärten waren bei den Kindern so beliebt, dass in den USA – auch dank der Untersützung der Erziehungsbehörden – weitere wie Pilze aus dem Boden schossen. In Kalifornien engagiert sich die Spitzenköchin Alice Waters, zugleich Vizedirektorin von Slow Food International, stark für die »Garden-to-Table«-Projekte, wie sie heute heissen. Alice Waters nennt sie die »köstliche Revolution«. In Italien gibt es bereits 400 Schulgärten.[112] Nicht nur Kinder, auch Studenten interessieren sich für den Gemüseanbau. »Gestern traf ich hier an der Universität Studenten, die gerade aus dem didaktischen Garten kamen, in dem sie ein Experiment durchführen: Sie pflanzten Randen, einmal in der Nachbarschaft von Zwiebeln, einmal in jener von Karotten. Sie wollen herausfinden, wie die verschiedenen Gemüse einander beeinflussen und miteinander kommunizieren.« Petrini freut das Interesse seiner Studenten am Gemüse.

»Diese jungen Leute wollen Zusammenhänge verstehen. Meine Generation hat sich dafür noch nicht interessiert.«

Der Höhepunkt in der Arbeit von Terra Madre ist die alle zwei Jahre stattfindende Konferenz. An fünf Tagen strömen um die 6000 Interessierte aus aller Welt nach Turin – Landwirte, Gastronomen, Wissenschaftlerinnen und Lehrer. Man degustiert, tauscht Erfahrungen und Rezepte aus, und es gibt zahlreiche Workshops, zum Beispiel zu den Themen »Energie und Produktion«, »Honig und Biene« oder darüber, wie man einen »gerechten Preis macht und ihn kommuniziert«. Wer sich die Reise nach Turin nicht leisten kann, für den übernimmt Slow Food die Kosten. Petrini will den Dialog fördern – den Dialog zwischen der Wissenschaftlerin aus Europa und dem Kleinbauern aus Afrika, den Austausch von traditionellem Wissen und neuer Forschung. Dieser müsse aber auf gleicher Augenhöhe stattfinden, betont Petrini; Erfahrungswissen sei nicht weniger wert als universitäres Wissen.

An der Terra-Madre-Konferenz wird klar: Vielfalt gründet auf Eigenheit. Doch selbst das Sandwich, ein Fast-Food-Produkt, verteufelt Slow-Food-Gründer Petrini nicht. »Ich liebe es, mit einem Panino duch die Gassen zu spazieren. Das Panino muss bloss von guter Qualität sein.«

Vielfalt, das haben die letzten Kapitel gezeigt, ist ein Schlüsselbegriff in der Ökologie, der Landwirtschaft und selbst in der Küche. Die Natur ist vielfältig, und Vielfalt ist natürlich. Diese Vielfalt ist aber nicht von gestern auf heute entstanden. Sie hat sich entwickelt – über Millionen von Jahren. Im nächsten Kapitel geht es genau darum: um Evolution.

Eva Jablonka

Evolution ist mehr als Gene und Zufall

Die zahmen Silberfüchse in Sibirien sind für Evolutionsbiologin Eva Jablonka ein Beweis, dass Evolution auf verschiedenen Ebenen stattfindet.

1959 begann Dmitri Beljajew, Genetiker an der Sowjetischen Akademie der Wissenschaften in Nowosibirsk, ein Experiment, das bis heute andauert: Er versuchte aus wilden Silberfüchsen zahme Tiere zu züchten. Bei jeder Generation wählte er deshalb jeweils nur jene Füchse für die Weiterzucht aus, die am zutraulichsten waren und sich nicht ängstlich in eine Ecke verkrochen oder gar mit den Zähnen fletschten, sobald sich ihnen ein Mensch näherte. Sein Selektionskriterium war allein das furcht- und aggressionslose Verhalten gegenüber Menschen. Bereits nach acht Generationen erwiesen sich die ausgewählten Füchse als sehr zutraulich. Das hat sich bis heute, nach mittlerweile vierzig Generationen, gehalten: »Sie suchten regelrecht den Kontakt zu den Menschen. Ging man an den Käfigen vorbei, schepperten sie mit ihren Trinkgefässen oder wedelten mit dem Schwanz, damit man auf sie aufmerksam wurde«, erinnert sich Eva Jablonka, die an der Universität Tel Aviv Evolutionstheorie und Genetik lehrt und sich die Zucht von Dmitri Beljajew vor Ort anschaute. Die Füchse waren so zahm, dass die Wissenschaftlerin sie streicheln konnte. Besonders erstaunlich war: Mit der Selektion veränderte sich auch das Aussehen der Füchse, die Farbe des Fells zum Beispiel wurde vielfältiger. »Es gab unter den zahmen Silberfüchsen nun auch solche mit rotem, schwarzem, braunem oder weiss getupftem Fell«, sagt Jablonka. »Und das Fell«, schwärmt sie, »war ganz weich.« Doch nicht nur die Farbe war bei den zahmen Tieren anders als bei den wilden. Einige Füchse hatten auch Schlappohren ausgebildet, andere trugen einen geringelten Schwanz, hatten kürzere Beine oder eine andere Schädelform. Besonders aufgefallen ist der Wissenschaftlerin aber der weisse Fleck auf der Stirn einiger zahmer Silberfüchse – wie bei vielen Pferden oder Hunden.

Der Besuch bei den Füchsen in Sibirien hat die Evolutionsbiologin stark beeindruckt. Auf demselben Gelände konnte Eva Jablonka auch die wilden Silberfüchse in ihren Einzelkäfigen betrachten. »Näherte sich ihnen jemand, griffen sie sofort an, jaulten auf, fletschten die Zähne, bissen ins Metallgitter. Und alle hatten die gleiche silbergraue Fellfarbe«, erzählt sie. Sie habe fast nicht glauben können, dass es sich bei den aggressiven Wildtieren und den zahmen Füchsen um dieselbe Art handelte.[113, 114]

Eva Jablonka berichtet von ihrer Begegnung mit den zahmen Silberfüchsen während einer Pause am Kongress »Evolution und Züchtung«, den der Fachbereich Ökologische Agrarwissenschaften der Universität Kassel in Witzenhausen organisierte und an dem sie wie Saverio Krätli (vgl. das Kapitel »Das Wissen der Wodaabe-Nomaden«) einen Vortrag hielt. Sie hatte mit der englischen Genetikerin Marion J. Lamb 2005 das Buch *Evolution in Four Dimensions* publiziert, das für grosses Aufsehen sorgte, weil die beiden Frauen mit der herkömmlichen Evolutionstheorie brachen. Eva Jablonka sitzt mit einer Tasse Tee und einer Packung Taschentücher auf einem grossen Stein im Hof. Sie ist stark erkältet – vermutlich wegen der Klimaanlage im Flugzeug. Am Vortag sprach sie an einem Kongress in London, und am nächsten Tag hat sie in Tel Aviv Vorlesung.

Das Zuchtexperiment mit den Silberfüchsen hält sie für eines der wichtigsten und interessantesten des zwanzigsten Jahrhunderts, vor allem im Hinblick auf unser Verständnis der Evolution. Es handelt sich dabei gleichsam um ein künstliches Evolutionsexperiment unter kontrollierten Bedingungen – quasi ein wissenschaftlich angelegtes Züchtungsexperiment. Es zeigt sehr schön, wie ein wilder Silberfuchs sich bereits nach acht Generationen in seinem Verhalten und Aussehen einem domestizierten Hund angleicht – allein durch strikte Selektion, deren einziges Kriterium die Zahmheit ist.

Das Denken in der Biologie ist seit sechzig Jahren von einer neodarwinistischen Sicht der Evolution geprägt: Die *Gene,* der *Zufall* und die *natürliche Selektion* sind die drei Hauptpfeiler heutiger Evolutionstheorien. Gemäss diesen Theorien werden die *Gene* grösstenteils unverändert von einer Generation zur nächsten weitergegeben. Manchmal aber kommt es zu *zufälligen* Genveränderungen, sogenannten Mutationen. So entstehen innerhalb einer Art Individuen mit unterschiedlichen Genen. Schliesslich führt die *natürliche Selektion* dazu, dass sich die Individuen mit den »besten« Genen durchsetzen. Arten können sich so neuen Umweltbedingungen anpassen. Manchmal entstehen dadurch sogar neue Arten.

Für Eva Jablonka greift diese Theorie der Evolution zu kurz. »Evolution ist viel mehr als Gene und Zufall. Sie ist viel komplexer, viel interessanter.« Evolution finde auf vier

Ebenen statt: auf der *genetischen,* der *epigenetischen,* der *kulturellen* und der *symbolischen* Ebene. Und nicht alles, was entsteht, entstehe zufällig. Das heisst: Auch die Umwelt kann einen direkten Einfluss auf die Evolution haben. Auch was Tiere lernen, kann sich in manchen Fällen auf ihre Nachkommen auswirken.

> **Evolution: vier Ebenen**
>
> 1. **Die genetische Ebene**
> 2. **Die epigenetische Ebene**
> 3. **Die kulturelle Ebene**
> 4. **Die symbolische Ebene**

1. Die genetische Ebene der Evolution

Dass *Gene* für die Evolution zentral sind, bestreitet die Forscherin keineswegs. Doch selektioniert werden laut Eva Jablonka nicht einzelne Gene, sondern einzelne, besonders gut angepasste Individuen. Das ist ein grosser Unterschied. Die meisten Eigenschaften oder Verhaltensweisen, die einem Individuum eine flexible Anpassung an geänderte Umweltbedingungen ermöglichen, beruhen auf vielen – oft Hunderten – verschiedenen Genen, die wiederum in ständigem Austausch mit molekularen Netzwerken in Zellen und Organen sind. Eine dürreresistente Pflanze zum Beispiel, die in trockenen Gebieten eine höhere Überlebenschance hat, verdankt diese Eigenschaft nicht einem einzelnen Gen, sondern vielmehr einem Zusammenspiel vieler verschiedener Faktoren:

So hat sie etwa eine dickere Wachsschicht um Stängel und Blätter ausgebildet als eine Pflanze an einem Fluss, ein dichteres Wurzelwerk, kleinere Blätter, spezielle Wasserspeichervorrichtungen oder an den Blättern kleinere Spaltöffnungen, die sich vor allem nachts öffnen und tagsüber geschlossen bleiben. Das bedeutet: Es sind Hunderte, ja Tausende verschiedene Gene daran beteiligt, dass die Pflanze der Dürre zu trotzen, dass sie in einem trockenen Gebiet zu überleben vermag. Selektioniert werden nicht einzelne Gene. Selektioniert werden einzelne Pflanzen, ganze Gennetzwerke.[115, 116]

2. Die epigenetische Ebene der Evolution

Eine Pflanze wird nicht nur durch ihre Gene bestimmt, eine grosse Rolle spielen auch *epigenetische Mechanismen.* Epigenetik? *Epi* heisst auf Griechisch so viel wie »darüber«. Epigenetik ist also ein System, das sich »über den Genen« befindet, ein übergeordnetes Informationssystem, mit dessen Hilfe die Zelle die Aktivitäten ihrer Gene reguliert und kontrolliert. Epigenetische Botenstoffe instruieren die Gene darüber, was sie in welcher Situation zu tun haben.[117]

Da gibt es zum Beispiel kleine Botenstoffe, sogenannte Methylgruppen, die sich wie Post-its an ein bestimmtes Gen heften und es stilllegen. Lösen sie sich von ihm, ist es wieder aktiv. Die Botenstoffe können ein Gen sogar variabel regulieren, so wie ein Dimmer die Helligkeit einer Lampe steuern kann. Wichtig ist: Bei einer epigenetischen Veränderung werden die Gene selbst nicht verändert, sondern nur deren Aktivität.

Zur Verdeutlichung: Eine Leberzelle und eine Hautzelle enthalten die gleichen Gene. Trotzdem sehen sie verschieden aus, verhalten sich unterschiedlich und funktionieren anders. Diese Unterschiede sind – mit wenigen Ausnahmen – epigenetischen Ursprungs. Bei einer Leberzelle und einer Hautzelle sind also jeweils andere Gene aktiv und andere passiv. Und wenn sich eine Leberzelle teilt, entstehen wiederum Leberzellen. Das bedeutet: Zellen geben nicht nur die Gene an ihre Nachkommen weiter, sie vererben auch epigenetische Informationen.

Neuere Forschungen zeigen, dass auch Lebewesen solche Informationen späteren Generationen weitervererben können – zum Beispiel dann, wenn das Erbgut von Samen- oder Eizellen epigenetisch beeinflusst wurde. Und hier kommen die Silberfüchse aus Sibirien wieder ins Spiel. Bereits Dmitri Beljajew habe erkannt, sagt Eva Jablonka, dass so viele Veränderungen in Aussehen und Verhalten – in nur acht Generationen! – nicht nur durch rein zufällige Genmutationen entstehen konnten. Beim weissen Stirnfleck zum Beispiel könne es sich nicht um eine normale Mutation handeln. Da müsse noch ein anderer Mechanismus wirken. Beljajew stellte damals die Hypothese auf, dass Tiere ein grosses Reservoir an »schlafenden« Genen besässen. Die extreme und einseitige Selektion auf Zahmheit habe im Erbgut Stress ausgelöst, was wiederum bewirkte, dass etliche »schlafende« Gene aktiviert wurden. Die neuen Genmuster seien dann weitervererbt worden. »Das ist eine sehr gute Beschreibung dessen, was wir heute als epigenetische Vererbung bezeichnen. Wir nehmen an, dass die extreme Selektion auf Zahmheit bei den Silberfüchsen vor allem das Nervensystem destabilisierte«, sagt Eva Jablonka. Dies hatte dann epigenetische Auswirkungen auf ein ganzes

Wilder Silberfuchs

Bündel von Genen und führte zu einer Veränderung bei der Fellfarbe, beim Skelett oder zum weissen Stirnfleck. Diese epigenetischen Veränderungen werden über viele Generationen hinweg weitervererbt. »Es ist doch interessant, dass zum Beispiel der weisse Stirnfleck bei vielen domestizierten Tieren vorkommt. Hunde haben ihn oft, auch Katzen, Rinder und Pferde tragen dieses Merkmal. Die Züchtung führt offenbar bei vielen Tierarten zu ähnlichen epigenetischen Veränderungen.« Das sei ein starkes Indiz dafür, dass solche Veränderungen kein Resultat zufälliger Mutationen sein können.

Inzwischen sind viele Beispiele einer solchen epigenetischen Vererbung bekannt – bei Pflanzen, Mäusen, Ratten und sogar Menschen.[118] Manchmal werden epigenetische Veränderungen nur über wenige Generationen vererbt und gehen wieder verloren. Um bei dem Bild der Post-its zu bleiben: Manchmal fallen die Post-its ab, zuweilen bleiben sie aber auch haften und werden über viele Generationen weitervererbt, wie bei den Silberfüchsen. Das sei ein Hinweis darauf, sagt Eva Jablonka, dass die epigenetische Vererbung Einfluss auf die Evolution habe. »Der Vorteil einer epigenetischen Vererbung ist, dass sie eine viel schnellere Anpassung an die Umwelt ermöglicht, als dies auf genetischer Ebene möglich wäre.«

Warum aber wurden diese Phänomene bisher aus der Evolutionsdiskussion ausgeblendet? Jablonka vermutet den Grund darin, dass die Forschenden nicht mit Lamarck in Verbindung gebracht werden wollen. Anfang des neunzehnten Jahrhunderts postulierte der französische Biologe Jean-Baptiste de Lamarck, erworbene Eigenschaften könnten auf die Nachkommen weitervererbt werden. Das führe immer wieder zu neuen Arten. Sein berühmtes Beispiel: Ein Säugetier, das sich vorwiegend von Blättern hoher Bäume ernährte, musste seinen Hals immerzu strecken. Daraus entwickelte sich mit der Zeit die Giraffe. Lamarcks Theorie galt lange Zeit als das Paradebeispiel einer wissenschaftlichen Irrlehre. Auch heute halten die meisten Evolutionsbiologen immer noch allein die Gene für die Vererbung für massgeblich. Ihrer Ansicht nach führen nur zufällige genetische Mutationen und die nachfolgende natürliche Selektion zu neuen Arten und zu Evolution. So sei auch durch eine zufällige Mutation ein Säugetier mit einem besonders langen Hals entstanden, und dieses hatte eine bessere Überlebenschance. Eine neue Art bildete sich heraus: die Giraffe. Doch wie die vielen Beispiele epigenetischer Vererbung zeigen, können sich Umwelteinflüsse manchmal auch im Erbmaterial der nachfolgenden Generationen niederschlagen. Lamarcks These bestätigt sich zumindest teilweise.

Ironie der Geschichte: Dmitri Beljajew war ein überzeugter Darwinist.[119] Durch das Experiment mit den Silberfüchsen hatte er herausfinden wollen, inwieweit zahmes oder aggressives Verhalten von den Genen mitbestimmt wird. Er konnte zwar zeigen, dass dies der Fall war, lieferte aber gleichzeitig eines der eindrücklichsten Beispiele dafür, dass *auch* epigenetische – also Lamarcksche – Faktoren die Vererbung beeinflussen. Die Vererbung wird also von genetischen *und* von epigenetischen Faktoren bestimmt. Eva Jablonka und Marion J. Lamb bezeichnen diese beiden Faktoren als erste und zweite Ebene der Evolution.

3. Die kulturelle Ebene der Evolution

Säugetiere – und auch Vögel – lernen von ihren Eltern und voneinander. Auch solche Lernprozesse können vererbt und für die Evolution wirksam werden, schreiben Eva Jablonka und Marion J. Lamb in ihrem Buch. Dazu zählen sie die Vererbung von Verhaltensmustern, Fähigkeiten oder gar Vorlieben – ohne genetische Veränderung.

Junge Kaninchen etwa, deren Mütter mit Wacholderbeeren gefüttert wurden, »erben« eine Vorliebe für diese Beeren. Sie lernen im Uterus und später durch die Muttermilch, dass Wacholderbeeren gut für sie sind. Und dies, obwohl sie nur drei Wochen lang ein paarmal pro Tag je fünf Minuten gesäugt werden. Die kurze Zeit reicht, um sie auf den Geschmack von Wacholderbeeren zu bringen. Die Forschergruppe, die diese Kaninchen beobachtete, sagt Eva

Jablonka, hätten nur Wacholderbeeren untersucht, aber es sei anzunehmen, dass die Jungen die ganze Palette der mütterlichen Nahrung bereits im Uterus und durch die Muttermilch kennenlernten. Auf sich selbst gestellt, seien sie mit diesem Wissen gut gerüstet und müssten nicht jede Pflanze neu auf ihre Tauglichkeit hin testen. »Auch bei Menschen hat man nachweisen können, dass Kinder, deren Mütter während der Schwangerschaft und der Stillzeit viel Karottensaft tranken, ebenfalls eine grosse Vorliebe für Karotten entwickelten«, sagt Eva Jablonka. »Es liegt viel evolutionäre Logik darin, dass es solche Wege gibt, um Informationen an folgende Generationen weiterzugeben, ohne dass dabei auch gleich die Gene verändert werden.«

Eva Jablonka nennt ein weiteres Beispiel für die Evolution auf der kulturellen Ebene: In Israel entdeckte ein Forscherteam schwarze Ratten in einem Tannenwald, einem bis dato nicht bekannten Habitat von Ratten. Die schwarzen Ratten galten bis anhin als Allesfresser und lebten in der Nachbarschaft von menschlichen Behausungen. Dass man im dichten Tannenwald Ratten fand, in dem die einzige Futterquelle aus Tannensamen besteht, war höchst ungewöhnlich. Offenbar hatten die Tiere gelernt, Tannenzapfen effizient zu knacken und die Samen zu fressen. Wegen des neuen und reichlich vorhandenen Nahrungsangebots lernten sie, in den Tannen zu leben. Sie entwickelten sich zu perfekten Baumkletterern, bauten für ihre Jungen nestartige Gebilde und lernten, die Jungen in den Bäumen aufzuziehen. Die Ratten entwickelten einen völlig neuen Lebensstil. Diese Fähigkeiten vererbten sie auf die nächste Generation, diese gab sie wiederum an ihre Jungen weiter – ohne dass dabei genetische Veränderungen im Spiel gewesen wären. Diese Veränderungen fanden nur auf der kulturellen Ebene statt.

Die Beispiele zeigen auch, dass kulturelle Evolution nicht blind ist. Die Kaninchen erbten Informationen, die ihre Mütter erworben und ausprobiert hatten. Bei den Ratten hat vermutlich ein neugieriges Individuum durch Versuch und Irrtum herausgefunden, dass Tannensamen essbar sind. Es gab diese Information an andere Gruppenmitglieder weiter. So bildete sich eine Tradition. Was gelernt und was weitergegeben wird, hängt also von einzelnen Individuen und von Gruppen ab – nicht vom Zufall.[120]

4. Die symbolische Ebene der Evolution

Bei der Evolution des Menschen spiele noch eine weitere Ebene eine gewichtige Rolle, sind Eva Jablonka und Marion J. Lamb überzeugt: die auf Symbolen basierende Vererbung, vor allem die Sprache. Sie seien erst sehr skeptisch gewesen, erzählt die Wissenschaftlerin, ob die Einführung dieser vierten Ebene überhaupt notwendig und sinnvoll sei. Sie hätten dann aber festgestellt, dass gerade die symbolische Ebene für uns Menschen zentral sei und sich sehr schön als Erklärung für die Evolution des Menschen eigne.

Denn: Wir Menschen können uns über die Vergangenheit und die Zukunft unterhalten, über Vorstellungen, Ideen und Emotionen. Wir können uns über abstrakte Objekte oder Prinzipien verständigen, wie zum Beispiel über »Glück« oder die Quadratwurzel aus –1. Dies alles können Tiere nicht. Unsere Welt unterscheidet sich aufgrund der symbolischen Dimension stark von der Welt jeder anderen Tierart. Unsere Kultur ist in diesen symbolischen Kontext tief eingebettet. »Wir erwerben Traditionen nicht nur über die Muttermilch, durch Nachahmung oder Spiel, sondern auch über Sprache und Kultur«, erklärt Eva Jablonka. »Diese Einmaligkeit wollten wir mit der vierten Dimension hervorheben.«

Ein Beispiel: Zu Zeiten des antiken Roms bedurfte es eines Spezialisten, um die Division MMMDCCXII : CXVI durchzuführen. Heute weiss eine Zehnjährige in einigen Minuten das Resultat der Rechnung – dank arabischen Zahlen und der Null: 3712 : 116 = 32. Ein Ausserirdischer, der nichts über die kulturelle Veränderung des Zahlensystems wüsste und nur nach der Fähigkeit des Rechnens urteilte, könnte die Schlussfolgerung ziehen, dass in unseren Genen in den letzten 2000 Jahren eine Mutation aufgetreten sei, die mathematische Fähigkeiten begünstigte und sich dank natürlicher Selektion in der Bevölkerung durchsetzte. Eine solche genetische Veränderung ist natürlich unmöglich. Der Punkt ist gerade, dass die Geschwindigkeit, mit der das neue Rechenverhalten erworben wurde, nur durch die symbolische Evolution möglich war.[121]

Bringen wir nun die vier Dimensionen wieder zusammen, bedeutet dies: Evolution geschieht, indem Informationen von einer Generation an die nächste weitergegeben werden. Das kann auf vielerlei Ebenen stattfinden.[122, 123] Welche Mechanismen gerade vorherrschend sind, hängt ganz vom jeweiligen Lebewesen ab. Bei Einzellern, Pflanzen und niederen Tieren basiert die Evolution auf Informationen, die durch genetische und epigenetische Systeme übermittelt worden sind. Bei Tieren werden Informationen auch durch das Verhalten weitergegeben. Tiere, die sich immer mehr auf sozial gelernte Informationen stützen, können komplexere soziale Beziehungen eingehen. Ganze Gruppen entwickeln nun Traditionen, ja sogar Rituale, wie der Basler Gorillaforscher Jörg Hess im nächsten Kapitel erläutern wird. Das schafft neue Möglichkeiten. Als Gruppe können sich die Tiere besser der feindlichen oder sich ändernden Umwelt anpassen. Im Stammbaum der Primaten hat sich mit der Zeit die symbolische Kommunikation herausgebildet. Symbole haben eine führende Rolle in der Evolution des Menschen übernommen. Sie haben zur Ausbildung der menschlichen Kultur geführt. Dazu kommt: Die Evolution eines jeden Lebewesens findet in einer grösseren Gemeinschaft, in einem breiten Netz gegenseitiger Abhängigkeiten statt.[124, 125, 126]

Diese Zusammenhänge, sagt Eva Jablonka, seien ihr so richtig bewusst geworden, als sie zusammen mit Marion J. Lamb in Ecuador durch den Regenwald ging. »Ein Baum im Tropenwald sieht von weitem aus wie ein normaler Baum. Dann schaut man genauer hin und erkennt: Auf diesem Baum gedeihen Hunderte Kletterpflanzen, Orchideen und Pilze zusammen mit Insekten, Vögeln und Fröschen. Oft ist die Grenze zwischen der einen und der anderen Pflanze nicht erkennbar«, erzählt sie. In Wirklichkeit sei dieser Baum ein einziges Konglomerat. »Bei der Betrachtung des Baumes haben wir uns nicht gefragt: Was sind die drei Dimensionen der Evolution? Sondern: Was hat sich da über Generationen hinweg verändert? Der Baum war für uns ein schönes Beispiel dafür, dass nicht nur das Individuum der Evolution unterworfen ist, sondern dieses Konglomerat als Ganzes. Alles zusammen bildet ein komplexes Netz von sich ständig ändernden Wechselwirkungen. Die Pflanzen strukturieren das Leben von Insekten und Vögeln, und umgekehrt. Alles interagiert miteinander. Und das phantastische Zusammenspiel all dieser Lebewesen hat Auswirkungen darauf, wie die Gene eines einzelnen Individuums epigenetisch reguliert werden.«

Solche Gemeinschaften sind meist sehr alt, sie verfügen über historische Erinnerungen, die in epigenetischen und kulturellen Systemen gespeichert sind. Und oft sind es diese Prozesse, die während der Evolution entstanden und weitergegeben wurden, die zur Stabilität und Identität der Gemeinschaft führen – und nicht die genetischen Informationen. »Wird der Tropenwald zerstört, gehen diese Informationen für immer verloren. Das ist, als würde eine Kultur oder eine Sprache aussterben. Da nützt es auch nicht viel, wenn man die Gene des Baumes in einer Samenbank aufbewahrt.«

Jörg Hess

Im Vergleich zu Gorillas sind wir Sinnesrudimentler

Die sanften Menschenaffen sind Meister der Kommunikation und Wahrnehmung, sagt Gorillaforscher Jörg Hess. Die Gorillafrau Kati konnte sogar menschliche Signale deuten.

Der Mensch ist nicht die Krone der Schöpfung – darin sind sich viele Evolutionsbiologen einig. Die Entwicklung des Echolots der Fledermaus oder die Vogelfeder und damit der Vogelflug seien doch genauso eine gewaltige Sache wie die Entwicklung des menschlichen Gehirns, sagt der Basler Zoologe Jörg Hess, der sich vehement gegen das homozentrische Weltbild wehrt. Der sechsundsiebzigjährige Verhaltensforscher beobachtete jahrelang die Gorillas im Basler Zoo, insbesondere ihre Mutter-Kind-Beziehung, und lebte rund acht Monate bei einer Berggorilla-Familie in Ruanda. Er war erstaunt, über welch differenzierte Wahrnehmungs- und Kommunikationsfähigkeiten die Menschenaffen verfügen. »Wir Menschen teilen mit den Menschenaffen die Wurzeln unserer Kommunikation«, sagt Hess, allerdings hätten wir viele der ursprünglichen Fähigkeiten verloren. Im Vergleich zu Gorillas seien wir Menschen »Sinnesrudimentler«.

Herr Hess, Sie haben monatelang bei einer Berggorilla-Familie gelebt. Konnten Sie mit den Tieren kommunizieren?

»Man muss sich an einige Regeln halten, wenn man bei Gorillas lebt. Dazu gehört unter anderem, dass man nicht interveniert und sie nicht berührt. Die Gorillas haben mich aber durchaus wahrgenommen. Ich habe mich auch jeweils mit einem bestimmten Laut, dem sogenannten Belch-Laut, bemerkbar gemacht, wenn ich mich ihnen näherte. Bei diesem Laut handelt es sich um eine Art Aufstossen. [Jörg Hess stösst tief und rau auf.] Damit nehmen Gorillas Kontakt miteinander auf, geben sich einander zu erkennen. Der Laut bedeutet beim Kontaktaufnehmen: ›Ich bin da, wo bist du?‹ Und darauf gibt der andere Antwort. Das ist wichtig, da die Tiere einander im Bergregenwald mit dem dichten, oft übermannshohen und nur schwer durchdringbaren Unterwuchs, in diesem Dickicht, nicht immer zu sehen vermögen.«

Sie beherrschen die Sprache der Gorillas?

»Nein, das ›Belchen‹ ist nur ein einzelner Laut. Ich rate sehr davon ab, irgendeinen anderen Laut der Gorillas nachzuahmen. Um die Bedeutung von Gorillalauten zu verstehen, braucht es viel Erfahrung. Man muss das Verhalten der Tiere lange beobachten, bis man eine Ahnung davon bekommt, was sie mit einem Laut meinen könnten. Beim Belch-Laut weiss man, dass dieser nur im freundlichen Zusammenhang benutzt wird. Wenn man aber einen Laut äussert, den Gorillas sowohl freundlich wie auch aggressiv einsetzen, dann kann es zu dramatischen Missverständnissen kommen. Den Belch-Laut dagegen darf, ja muss man nutzen. Das gebietet der Anstand. Man meldet sich bei den Gorillas an. Wir betreten auch nicht einfach die Wohnung des Nachbarn, ohne zu klingeln.«

Die Gorillas haben den menschlichen Laut als einen der ihren erkannt und akzeptiert?

»Ja, die Gorillas äussern den Laut auch in unterschiedlichen Klangfarben, ich war einfach eine weitere Variante. Bei den Gorillas ist der Belch-Laut auch so etwas wie ein Eigenname. Jeder Gorilla einer Familie erkennt andere Familienmitglieder an ihrem ›Aufstossen‹. Der Laut bedeutet nicht nur: ›Ich bin da, wo bist du?‹, sondern auch, wer ich bin. Weil meine ›Äusserung‹ recht unbedarft war, erkannten sie mich vermutlich sofort.«

Dieser einzelne Laut hat mehrere Bedeutungen?

»Der Belch-Laut hat viele Mitteilungsinhalte, die sich einem nur aus der jeweiligen Situation heraus erschliessen. Die Gorillaforscherin Dian Fossey hat ein Lautinventar erstellt, das insgesamt fünfundzwanzig klangspektrographisch unterscheidbare Laute enthält. Jeden dieser Laute können die Gorillas leise, mittel oder laut äussern. Mit der Lautstärke ändert sich jeweils auch der Inhalt der Mitteilung. Einzelne Laute können mit unterschiedlicher Lautstärke, in verschiedenen Tonhöhen, einzeln oder mehrmals geäussert werden. Sie können zudem noch mit Gesten untermalt werden. All diese Variationen färben und nuancieren den Mitteilungsinhalt. So entsteht ein kleines Lautuniversum. Und dabei sind die Laute nur ein kleiner Teil der gesamten Kommunikation. Gorillas verständigen sich auch mit ihrer Mimik, mit Düften, Gestik, Körperhaltungen, Bewegungen und Aktionen; wobei Aktionen komplexe Mitteilungen sind, die mehrere dieser Ausdrucksleistungen enthalten können.«

Die Mitteilungen der Gorillas sprechen alle Sinne an.

»Ja, ein Gorilla muss sich von Geburt an mit diesen Signalen auseinandersetzen; er muss ein Meister der Beobachtung, ein Meister der Geruchsanalyse, ein Meister der

Bewegungsanalyse sein, um überleben zu können. Gorillas nehmen viele Dinge wahr, die uns Menschen verborgen bleiben. Verglichen mit Gorillas sind wir Menschen Sinnesrudimentler.«

Sinnesrudimentler?

»Menschen haben die artikulierte Sprache entwickelt. Das ist grossartig. Doch wir haben die Kommunikation so sehr auf die Sprache reduziert, dass wir mehr und mehr in Kommunikationsengpässe geraten sind. Heute müssen Kaderleute in Kursen die Bedeutung von Körperhaltungen lernen oder dass sie einer Mitteilung mehr Nachdruck verleihen, wenn sie ihren Gesprächspartner in regelmässigen Abständen leicht berühren. Wir haben vergessen, dass wir Sinnesorgane haben, mit denen wir auch wahrnehmen und kommunizieren könnten: Wir haben nicht nur einen Mund zum Reden, sondern wir sehen, hören, riechen, schmecken, tasten. Gorillas sind in Bezug auf ihre Sinneswahrnehmungen unendlich viel leistungsfähiger als wir. Sie können zwar nicht sprechen wie wir, nutzen aber ihre Sinne vollwertig als Kommunikationsmittel.«

Vermögen Gorillas auch menschliche Signale wahrzunehmen, zu deuten?

»Ich vermute schon. Im Basler Zoo wollten wir einmal wissen, ob Gorillafrau Kati schwanger war. Um einen Schwangerschaftstest durchzuführen, brauchten wir ihren Urin. Wir lockten sie mit verführerischen Säften – Orangensaft, Ovomaltine, Himbeersirup – in einen abgesonderten Raum. Das funktionierte über ein bis zwei Wochen bestens. Doch immer am Tag X, an dem wir ihren Urin analysieren lassen wollten, weigerte Kati sich, den fraglichen Raum zu betreten, sobald der Tierpfleger am Morgen erschien. Er musste sich durch irgendeine Geste, einen Blick, eine Grimasse verraten haben. Kati konnte die Botschaft lesen, sie wusste, dass er etwas von ihr wollte. Wir haben dann die Strategie geändert: Wir gaben dem Tierpfleger den Tag X nicht mehr bekannt. Da klappte die Sache.«[127]

Haben Sie noch andere Lautäusserungen von Gorillas gelernt?

»In Ruanda gab es einen jungen Schwarzrücken, Pablo. Die jungen Gorillamänner spielen nur mit ihresgleichen. Sie sind zu stark, um mit Gorillakindern zu spielen – das verhindern die Mütter. Pablo, der Schwarzrücken, hat mich aus irgendeinem Grund zum Spielpartner gewählt. Er wollte gelegentlich mit mir raufen. Doch das ist eine sehr ungleiche Geschichte. Pablo hatte die Kraft mehrerer Männer. Da konnte ich ihm wenig entgegenhalten. Eine Rauferei mit Pablo hätte in diesen steilen Vulkanhängen für mich unangenehm enden können. Ich beobachtete, dass der etwas jüngere Shinda, wenn Pablo mit ihm spielen wollte, manchmal ein Singbrummen äusserte und dann von ihm in Ruhe gelassen wurde. Mit der Zeit wurde mir klar, dass Shinda auf diese Weise gesagt hatte: ›Nein, jetzt nicht.‹ Ich habe dieses Singbrummen später versuchsweise auch mal geäussert – und es hat funktioniert. Pablo liess mich in Ruhe. Doch mein brummendes ›Jetzt nicht‹ war gleichzeitig ein Versprechen für später.«

Haben Sie das Versprechen eingelöst?

»Ja, aber nur wenn die Gegend um mich herum eben war. Denn das Spiel gipfelte jeweils darin, dass Pablo mich mit einer Hand am Kragen packte, sich mit der freien Hand auf die Brust trommelte, durchs Dickicht rannte und mich hinterherzerrte. Ich konnte jeweils nur hoffen, dass er möglichst bald seinen Griff lockerte und mich freigab.«

Wir können also die Gorillas verstehen lernen?

»Wenn Sie Jahre investieren, können Sie das Wesen der Gorillas bis zu einem gewissen Grad kennenlernen; man lernt, eindeutige Äusserungen zu interpretieren. Und darüber hinaus – das ist meine persönliche Erfahrung – gibt es ein intuitives Kennenlernen. Ein Gorilla tut etwas, und man bekommt ein Gefühl dafür, was es bedeuten könnte. Ein Wissenschaftler nimmt sich aber zunächst zurück, schliesslich arbeitet er nach klaren Methoden und nicht nach Empfindungen. Wenn aber der Gorilla wiederholt etwas tut und man jedes Mal das Gefühl hat, das könnte dies bedeuten, dann reagiert man auf den Gorilla irgendwann doch einmal so, als hätte man ihn verstanden. Wenn dann der Gorilla – ähnlich wie wir – erleichtert über die Reaktion zu sein scheint, als ob er denken würde: ›Nun hat er endlich begriffen‹, dann merkt man, dass da ein tiefgründiges Verstehen stattgefunden hat.«

Ein tiefgründiges Verstehen zwischen Mensch und Gorilla?

»Dieses Verstehen beruht darauf, dass wir eine gemeinsame Stammesgeschichte haben. Die Gorillas waren vor uns da. Wir Menschen teilen mit den Menschenaffen die Wurzeln unserer Kommunikation. Doch bei uns sind viele dieser Erinnerungen verschüttet. Es besteht aber vielleicht die Möglichkeit, auf intuitivem Wege einen Gorilla ganz rudimentär zu verstehen. Das ist spekulativ, und es gibt viele Forscher, die diese intuitive Art des Vorgehens strikte ablehnen. Doch ich habe genügend Erlebnisse dieser Art gehabt, die zeigen, dass ein solches Verstehen möglich ist.«

Berggorilla-Familie in Ruanda

Ihr kürzlich erschienener Bildband Berggorillas – Eine Hommage *endet mit einem schönen Zitat des US-amerikanischen Gorillaforschers George B. Schaller: »Niemand, der einem Gorilla in die Augen schaut – mit ihrem intelligenten, sanften und verletzlichen Ausdruck –, bleibt unberührt, denn dieser Ausdruck lässt alles Trennende zwischen Menschenaffe und Mensch verschwinden; wir wissen, dass der Gorilla noch immer tief in uns lebt. Ob die Gorillas diese uralte Verbindung wohl auch erkennen?«*

»Das Zitat trifft es genau. Ich glaube schon, dass die Gorillas spüren, dass wir Menschen etwas mit ihnen zu tun haben. Der angehende Schwarzrücken Shinda in Ruanda zum Beispiel war immer der Erste, dem ich am Morgen begegnete und der mich begrüsste. Irgendwann kam es mir seltsam vor, dass immer er der Erste war, denn ich kam jeden Tag von einer anderen Seite. Offenbar hörte er mich und suchte immer den Ort auf, an dem ich zu erwarten war. Er machte dann zur Begrüssung jeweils Pirouetten, drehte sich beim Gehen um die eigene Achse, und wenn er auf meiner Höhe war, rempelte er mich leicht mit seiner Schulter oder stiess mich mit dem geschlenkerten Fuss an. Das gehörte zum Spiel. Ich habe das nicht erwidert, denn eine Stationsregel lautete, dass man Gorillas nicht berühren soll. Ich bemerkte aber, dass Shinda nach dem Begrüssungsritual jeweils unzufrieden war. Mir wurde klar, dass er von mir eine angemessene Antwort erwartete. Irgendwann habe ich mich dann bei einem Begrüssungsritual mitgedreht und auch ihm einen sanften Tritt versetzt. Danach war er zufrieden, wurde richtig übermütig. Sein persönliches Begrüssungsritual am Morgen hatte endlich nach seinen Regeln funktioniert. Ihm lag offenbar an einer Wechselseitigkeit, er wollte eine etwas engere Beziehung zu mir.«

Die Begrüssung wurde – wie bei uns – zu einer wechselseitigen Angelegenheit, zu einem Ritual?

»Ja, später hat Shinda auch ein Abschiedsritual erfunden. Als ich einmal gehen wollte, sass er neben mir und hielt mich mit seiner grossen Hand am Fussknöchel fest. Nach etlichen Versuchen, mich zu befreien, gab ich klein bei und wartete einfach ab. Sein Griff liess kein Entkommen zu. Da öffnete er plötzlich die Hand und liess mich gehen. Von diesem Zeitpunkt an war es für mich eine Pflicht, am Ende eines Tages noch einige Minuten bei Shinda zu sitzen, dann war er zufrieden. Shinda hat also somit ein persönliches Begrüssungs- und Abschiedsritual für uns zwei erfunden. Das war der von Shinda gestaltete Anfang einer ›freundschaftlichen‹ Beziehung.«

Es entwickelte sich eine Freundschaft?
»Wenn man länger mit den Gorillas zusammen ist und wenn man die innere Bereitschaft hat, sie in ihrem Wesen zu respektieren und ihnen gegenüber genauso höflich zu sein wie Menschen gegenüber, dann, denke ich, kann man mit Gorillas auf gleiche Weise in Freundschaft verbunden sein wie mit Menschen. Durch die Freundschaft erhält die Beziehung in gewisser Hinsicht eine Einmaligkeit. Das scheint auch für Shinda das Ziel gewesen zu sein. ›Rituale‹ sind offenbar auch bei den Gorillas wichtig.«
Erlebten Sie noch andere Rituale bei Gorillas?
»Ja, aber das sind nur Einzelbeobachtungen, keine eigentlichen Rituale. Damit man von Ritualen sprechen kann, muss man bei verschiedenen Gemeinschaften ähnliche Vorkommnisse beobachten und belegen. Das Problem ist aber, dass solche ausserordentlichen Beobachtungen nicht beliebig reproduzierbar sind.«
Aber Sie konnten Verhalten beobachten, das einen rituellen Charakter hatte?
»Ja, das Verhalten der Gorillagemeinschaft im Basler Zoo während des Sterbeprozesses von Pepe hatte zum Beispiel einen rituellen Charakter. Pepe war ein vierzig Jahre alter Silberrücken. Eines Tages war Pepe krank, er lag in einem kleinen Nebenraum und wollte nicht mehr essen und trinken. Die Familie sass den ganzen Tag über auf der Konsole, die in Pepes Raum führte. Kein Kind durfte sich von der Mutter entfernen. Eine Gorillafrau sass immer bei Pepe und hatte eine Hand auf seinem Körper liegen. Nach einigen Minuten ging sie, und eine andere nahm ihren Platz ein. Weil wir Angst hatten, dass nun alle Gorillas nichts

mehr essen würden, legten wir in einem Nebenraum Delikatessen aus – vergeblich. Das ist doch unglaublich! Diese feinfühligen Wesen wissen erstens, dass ein Schwerkranker Körperkontakt mit seinesgleichen braucht, und sind zweitens fähig, auf Nahrung zu verzichten, weil ihnen eine andere Aufgabe – die Betreuung eines Kranken – wichtiger ist. Dass die Gorillas zu solchen Entscheidungen fähig sind, hat mich sehr berührt. Pepe erholte sich dann etwas. Während der nächsten zwei Monate sassen die Chefin oder ihre Tochter abwechselnd neben ihm. Sie liessen ihn nicht mehr aus den Augen. Wahrscheinlich wussten sie, dass Pepe bald sterben würde – das war ihre Art der Sterbebegleitung. Eines Morgens lag Pepe tot da. Die ganze Familie sass im Halbkreis um ihn herum, die Kinder durften nicht von ihren Müttern weg. Die Gorillafrauen gingen jede Viertelstunde zum toten Pepe und berührten ihn, schauten ihn an und rochen an ihm. Dann setzten sie sich wieder in den Halbkreis. Eine Gorillafrau, Goma, sass die ganze Zeit neben ihm mit ihrer Hand auf seinem Körper. Sie hatte eine besonders enge Beziehung zu Pepe gehabt.[128] Dieses Abschiednehmen hatte für mich einen rituellen Charakter – aber man müsste dies in anderen Fällen auch beobachten und beschreiben können. Während des Abschiedsrituals blieb das Affenhaus geschlossen. Wir liessen den toten Pepe vierundzwanzig Stunden lang bei seiner Familie.«

In der Wildnis hat man ein solches Abschiedsritual nie beobachtet?

»Es gibt Anzeichen dafür, aber bislang keine direkten Beobachtungen. Mehrfach beobachtet und beschrieben wurde jedoch das Abschiednehmen einer Mutter von einem toten

Kind. Oft trägt die Mutter das tote Kind tagelang – bis zu zwölf Tagen – mit sich herum. Das tote Kind zerfällt dann förmlich und beginnt zu stinken. Irgendwann lässt es die Mutter liegen. Die Beziehung zwischen Kind und Mutter ist so intensiv, dass sich die Gorillamutter – wie die Menschenmutter – nur langsam aus dieser Beziehung lösen kann. Eine Gorillamutter muss den ganzen Weg der Trennung von ihrem Kind und der Trauer allein gehen – bis sie das Kind hinter sich lassen kann.«

Gibt es bei Gorillas so etwas wie eine soziale Verantwortung, ein Verantwortungsgefühl anderen gegenüber?

»Man muss aufpassen mit solch menschlichen Werten. Eine Verantwortung einem Neugeborenen gegenüber hat jede Mutter. Es gibt zwar Tiere, die ihre Nachkommen nicht oder nur sporadisch betreuen, zum Beispiel indem Mutter oder Vater das Eigelege beschützen. Aber bei allen Lebewesen, die eine Mutter-Kind-Beziehung aufbauen, ist die Verantwortung gegenüber Kindern eine tiefe Empfindung, die die Mutterschaft begleitet. Das ist keine Erfindung des Menschen. Das Verantwortungsgefühl der Mutter ist biologisch tief verankert und zum Teil wohl auch genetisch fixiert.«

Und Verantwortung gegenüber anderen Gruppenmitgliedern?

»Ja, es gibt spezielle, beobachtete Fälle. Sie beweisen auch die geistige Leistungsfähigkeit von Menschenaffen. Wenn Töchter erwachsen werden, verlassen sie normalerweise die eigene Familie und wechseln in eine andere. Man nennt in der Sprache der Verhaltensforschung solche Wechsel ›Weibchentransfer‹. Bei diesen Transfers kommt es gelegentlich zu sogenannten ›Kindstötungen‹.«

Kindstötung bei Gorillas, bei diesen sanften Wesen?

»Ja, wenn eine Mutter mit einem sehr kleinen Kind die Familie wechselt, kann es vorkommen, dass der neue Silberrücken ihr Kind tötet. Nun hat man beobachtet, dass einzelne Gorillafrauen ihr Kind, wenn es nicht mehr auf Muttermilch angewiesen ist, in der Familie zurücklassen, die sie verlassen. Diese Mütter wissen genau, dass ihrem Kind bei einem Familienwechsel Gefahr droht. Sie wissen überdies, dass ihr Kind notfalls mit pflanzlicher Nahrung überleben kann. Oft ist es der Silberrücken der Familie, in der das Kind zurückgelassen wird, der für das Kind sorgt, bis es das Verlusttrauma der Trennung von seiner Mutter überwunden und im Kreis der engeren Familie eine Ersatzmutter gefunden hat. Dabei handelt es sich meist um eine ältere Schwester. Dass eine Mutter über einen solch komplexen Vorgang Bescheid weiss, ist schon sehr eindrücklich.«

Natur neu denken

Charles Darwin, dessen 200. Geburtstag wir im Jahr 2009 feierten, gilt als eines der grossen Genies der Wissenschaftsgeschichte. Worin bestand seine Leistung?

Dass sich einzelne Lebewesen nach gewissen Regeln entwickeln, gehört seit Jahrtausenden zum Allgemeinwissen der Menschen. Keine Kindererziehung, keine Landwirtschaft wäre ohne diese Kenntnis möglich. So wissen wir, dass sich zum Beispiel aus einem Kürbissamen ein Kürbis entwickelt und keine Rose.

Darwin weitete dieses Wissen über Individuen hinaus auf die ganze Pflanzen-, Tier- und Menschenwelt aus und sah die Entstehung der Arten im Laufe der Zeit – also in der Evolution – ebenso als Entwicklungsweg wie die Entwicklung von einer Eizelle bis zum voll ausgebildeten Organismus. Damit stellte er sich frontal gegen die vorherrschenden Lehrmeinungen des Wissenschaftsbetriebes und gegen die Schöpfungslehre der christlichen Kirchen. Sein Werk ist eine der grossen Revolutionen der Wissenschaftsgeschichte und eine gewaltige Kränkung des menschlichen Überlegenheitsgefühls: Der Mensch ist darin nicht mehr die Krone der Schöpfung, sondern stammt vom Affen ab.

Aber Darwin war ein Kind des neunzehnten Jahrhunderts, geprägt von einem mechanistischen Weltbild und der Vorstellung von sozialen Hierarchien: Eine Art entwickelt sich aus einer anderen, und die ganze Entwicklung strebt hierarchisch von unten nach oben bis hin zum Menschen.

Veränderungen erfolgen nach dem Zufallsprinzip (genetische Mutationen), nachher werden die »Fittesten« selektioniert. Die am besten Angepassten überleben. Darwin musste natürlich auch mit den sehr begrenzten Kenntnissen seiner Zeit über biologische Netzwerke und ökologische Zusammenhänge leben.

Seit Darwin haben wir weitere grosse Wissenschaftsrevolutionen erlebt: von Einsteins Relativitätstheorie über die Quantenphysik und die Chaostheorie bis hin zu Theorien der Selbstorganisation und Emergenz. Damit haben sich die festgefügten, strikt hierarchisch aufgebauten und chronologisch eindeutigen Systemvorstellungen zu Vorstellungen von einer netzartigen, teils chaotischen, nichtlinearen, nichtisolierten Koevolution der belebten Welt gewandelt.

Für die Neodarwinisten ist es vor allem der blinde Zufall, der die Evolution zu immer neuen Arten führt. Für die Anhänger des Intelligent Design wird die Evolution von einer überragenden unsichtbaren Kraft gezielt in eine bestimmte Richtung vorangetrieben.

Wir sind überzeugt, dass die reine Zufallstheorie, die Genmutationen in ihr Zentrum stellt, angesichts dessen, was wir heute über vernetzte Systeme, gegenseitige Abhängigkeiten und gemeinsame Entwicklungen wissen, eindeutig zu kurz greift – schon allein deshalb, weil Lebewesen nicht durch ihre Gene determiniert werden. Der grandiose Misserfolg der pflanzlichen Gentechnik, die auf diesem Ansatz aufbaut, zeigt dies eindrücklich. Gene sind zwar wichtig, doch sie sind nur ein Teil eines grossen, dynamischen, sich selbst organisierenden Ganzen. Auch gibt es in der

Evolution keine Hierarchien, es gibt lediglich Verbindungen oder Entwicklungsrichtungen, doch wir befinden uns alle auf einer Ebene. Auf der anderen Seite brauchen wir zur Erklärung der Evolution keine überragende, unsichtbare Kraft, die die ganze Entwicklung systematisch in eine bestimmte Richtung steuert.

Die sich rasant vermehrenden Erkenntnisse über koevolutionäre Prozesse, sich gegenseitig beeinflussende Kreisläufe und die für uns momentan noch meist unsichtbaren Kommunikationsnetze in der belebten Natur bieten mehr als genug Stoff für eine neue Sicht der Welt: Erkenntnisse etwa über das Sozialleben von Pflanzen; oder Erkenntnisse darüber, dass ein Wald oberirdisch aus einzelnen Bäumen besteht, unterirdisch aber eine riesige, dicht vernetzte Lebensgemeinschaft bildet; oder Erkenntnisse darüber, dass Berggorillas, um im Regenwald überleben zu können, über ein imposant grosses Kommunikationsrepertoire verfügen müssen.

Wir werden noch viel entdecken, wir werden aber auch noch viel nachdenken müssen, bis wir unser Weltbild wieder so weit modifiziert haben werden, dass es mit den neuen Entdeckungen einigermassen mithalten kann.

Anmerkungen

Mozart für die Reben

1 *Pflanzengedächtnis und Intelligenz*

Stefano Mancuso sagt über Pflanzenintelligenz: »Intelligenz ist die Fähigkeit, Probleme zu lösen. Es gibt viele Definitionen von Intelligenz (...), aber aus meiner Sicht ist dies die einfachste und die beste (...). Intelligenz ist eine Eigenschaft des Lebens. Auch die einfachsten einzelligen Lebewesen müssen intelligent sein, um Probleme des Alltags zu lösen. (...) Wenn wir beobachten, wie Pflanzen auf Probleme reagieren, stossen wir immer wieder auf Verhaltensweisen, die keine automatischen Antworten sein können. Jede Pflanze muss ständig viele Umweltparameter wahrnehmen und überprüfen; und sie muss anschliessend Entscheide treffen, wie sie reagieren soll.« (Siehe auch *Zellgeflüster,* S. 86ff.)

Stefano Mancuso sagt: »Wenn hundert Pflanzen derselben Kraft ausgesetzt werden, zum Beispiel einer erhöhten Vibration in der Erde, dann wachsen neunzig Wurzeln nach rechts, aber zehn nach links. Auch wenn die Statistik diese zehn Prozent, die sich anders verhalten, in der Regel ignoriert, können wir doch nicht davon sprechen, dass Pflanzen wie Automaten reagieren. Es gibt zahlreiche Experimente, die bei Pflanzen ein individuelles, von der Mehrheit abweichendes Verhalten aufzeigen. Das deutet darauf hin, dass Pflanzen fähig sind, individuell zu reagieren.«

2 Stefano Mancuso und František Baluška, Professor an der Comenius-Universität Bratislava und Leiter einer Forschungsgruppe am Institut für Zelluläre und Molekulare Botanik der Rheinischen Friedrich-Wilhelms-Universität Bonn, gründeten 2005 die Gesellschaft für Pflanzenneurobiologie, die sich seit 2009 Society of Plant Signaling and Behavior nennt. Die Gesellschaft gibt das monatliche Wissenschaftsjournal *Plant Signaling & Behavior* heraus und organisiert jedes Jahr einen internationalen Kongress zum Thema (vgl. *PflanzenPalaver,* S. 55ff.).

3 *Elektrische Signale, Aktionspotentiale*

Die Existenz der Aktionspotentiale ist gut nachgewiesen. Einmal ausgelöst, entwickeln sie immer die gleiche Stärke, laufen konstant durch die ganze Pflanze. Beginnt ein Schädling an einem Blatt zu fressen, kann die Pflanze via Aktionspotentiale alle Blätter in Alarmbereitschaft versetzen und die Produktion von Abwehrstoffen ankurbeln.

Die Kommunikation mittels Aktionspotentialen läuft viel schneller als jene mittels Hormonen, sagt Stefano Mancuso. Zusammen mit František Baluška konnte er nachweisen, dass die Reaktion der Pflanze bereits zwei Sekunden nach einer Wahrnehmung erfolgt. Baluška: »Würde die Kommunikation nur hormonell und nicht auch elektrisch geschehen, so würde die Reaktion erst viel später erfolgen.«

Stefano Mancuso und František Baluška nehmen an, dass die Wurzeln Informationen über ihre Umgebung wahrnehmen und weitergeben. Sie scannen laufend den Boden nach Wasser, Nährstoffen, Temperaturwechsel, Licht und anderem ab. Die empfangenen Reize werden mittels Aktionspotentialen an die entsprechenden Zellen weitergegeben, die dann auf die Information antworten. Stösst die Wurzelspitze zum Beispiel auf giftige Substanzen, kann sie ihre Richtung ändern. Die Information »Achtung, giftig!« aktiviert an einer anderen Wurzelstelle Wachstumssignale, damit sie in eine andere Richtung wächst.

Stefano Mancuso und František Baluška entdeckten 2009 in Pflanzen eine neue Art von elektrischen Signalen: Sie konnten in der Wurzelspitze von Mais spontan auftretende elektrische Signale nachweisen, die von Zelle zu Zelle weitergeleitet wurden. Das heisst, Pflanzen setzen nicht nur dann elektrische Impulse frei, wenn sie Informationen weitergeben, sondern permanent. In den Wurzelspitzen einer Maispflanze zum Beispiel finden innerhalb von zwei Stunden Tausende kleine, spontane elektrische Impulse statt. Auch diese ähneln laut Mancuso jenen von Tieren und Menschen, fänden bloss weniger oft statt. Die Informationsübertragung in Pflanzen sei deshalb langsamer als bei Mensch und Tier – das Prinzip sei aber das gleiche (Masi E. et al. 2009).

4 *Pflanzen können nicht nur »hören«, sondern auch »sehen«, »fühlen«, »riechen« oder »schmecken«*

Pflanzen »sehen«: Pflanzen nehmen Licht differenziert wahr und regulieren damit viele wichtige Stoffwechselvorgänge. Berühmt ist zum Beispiel die »Blumenuhr« des schwedischen Botanikers Carl von Linné (1707–1778). Mit ihr soll er die Uhrzeit bis auf fünf Mi-

nuten genau bestimmt haben. So öffnet der Wiesenbocksbart seine Blüten um drei Uhr morgens und schliesst sie um zwölf Uhr. Um fünf Uhr folgen der Klatschmohn und die Kürbisblüte, um sieben Uhr Huflattich, Seerose und Ringelblume. Um sechzehn Uhr schliesst die Kürbisblüte und eine Stunde später der Huflattich seine Blüten.
Forscher der Georg-August-Universität Göttingen fanden heraus, dass für das zeitgenaue Schliessen der Blüten auch Insekten verantwortlich sind: Einige Blüten schliessen sich nur dann zur richtigen Zeit am Mittag oder frühen Nachmittag, wenn die Blüten rechtzeitig bestäubt werden. Geschieht dies nicht, schliessen die Blüten erst gegen Abend. Dies könnte für das komplexe Nahrungsnetz zwischen Pflanzen und Insekten Konsequenzen haben. Ein Rückgang der Bienenpopulation zum Beispiel könnte zu verspätetem Blütenschluss und damit zu Verschiebungen bei den Pflanzennahrungsnetzen führen (Fründ J. et al. 2011).
Pflanzen »fühlen«: Ein sanftes Streicheln mit einer Baumwollfaser reicht, damit ein Sonnenblumenkeimling beim Wachstum seine Richtung ändert.
Pflanzen »riechen« oder »schmecken«: Vgl. das Kapitel »Das versteckte Sozialleben der Pflanzen« sowie *Zellgeflüster* und *Pflanzen-Palaver.*

5 *Pflanzen legen Wasservorrat im Boden an*
Weil Pflanzen dem Boden Wasser entziehen, ging man bisher davon aus, dass sich im Wurzelbereich einer Pflanze weniger Wasser findet als weiter entfernt. Doch das Gegenteil ist der Fall: Pflanzenwurzeln legen einen kleinen Wasserspeicher an, der ihnen über kurze Trockenperioden hinweghilft. Der Wurzelbereich enthält bis zu dreissig Prozent mehr Wasser. Wahrscheinlich sondern sie eine gallertartige Substanz aus, die Wasser binden kann. Das konnte am schweizerischen Paul Scherrer Institut mittels Neutronentomographie nachgewiesen werden (Moradi A. B. et al. 2011).

6 Andrea Lucchi, Insektenforscher an der Universität Pisa, untersucht in Zusammenarbeit mit Stefano Mancuso, wie sich die rebenbeschallenden Mozart-Klänge auf Insekten auswirken.

7 *Beispiel 1: Pflanzen erinnern sich an ihren Ursprung*
Malcolm Campbell und seine Gruppe von der Universität Toronto haben genetisch identische Pappeln (Klone) in verschiedenen Regionen Kanadas aufgezogen. Dann haben die Forscher Stecklinge

dieser Bäume gewonnen und sie unter identischen, klimakontrollierten Bedingungen in Toronto aufgezogen. Die eine Hälfte wurde unter Dürrebedingungen aufgezogen, die andere Hälfte erhielt viel Wasser. Erwartet wurde, dass alle Bäume gleich gut wachsen, unabhängig davon, woher sie kamen. Doch das war nicht der Fall: Je nach Herkunftsort reagierten sie sehr unterschiedlich. Das Team fand Unterschiede bis auf die genetische Ebene – in der Expression bestimmter Gene –: Bäume, die in Alberta aufwuchsen, gebrauchten ein anderes Set von Genen, um auf Dürre zu reagieren, als Bäume aus Saskatchewan. »Unsere Arbeit zeigt, dass es in Bäumen eine Art ›molekulares Gedächtnis‹ gibt, das die persönlichen Erfahrungen eines Baumes speichert und schliesslich einen Einfluss darauf hat, wie der Baum auf die Umwelt reagiert«, schreibt Malcolm Campbell (Raj S. et al. 2011; siehe auch das Kapitel »Evolution ist mehr als Gene und Zufall«).

Beispiel 2: Pflanzen erinnern sich an Lichtereignisse

Ein Team um Stanisław Karpiński von der Warschauer Naturwissenschaftlichen Universität konnte nachweisen, dass Ackerschmalwand *(Arabidopsis)* Informationen aus dem Sonnenlicht ausliest, interpretiert und sich erinnern kann. Licht ist für die Photosynthese unverzichtbar, doch zu viel Licht schädigt eine Pflanze. Sie muss also die Photosynthese optimieren und sich gleichzeitig vor zu viel Licht schützen, und das bei schwankenden Lichtverhältnissen, denn sie kann sich nicht fortbewegen und einfach in den Schatten umziehen. Das Forscherteam zeigte, dass Pflanzen fähig sind, zu viel Licht von den Blättern gezielt abzuleiten. Karpiński schreibt in *Scientific American* (16.7.2010): »Die Frage ist, ob Pflanzen ein Gedächtnis und ein Verhalten zeigen, das aus Erinnerungen an vorgängige Ereignisse resultiert. Unsere Experimente zeigen, dass Pflanzen ein Gedächtnis für frühere Lichtereignisse besitzen (...), das sie benutzen, um sich optimal an zukünftiges Licht anzupassen und ihre Immunabwehrreaktionen zu optimieren. Mit anderen Worten: Pflanzen können Informationen aus der spektralen Zusammensetzung von Licht abspeichern und gebrauchen, um sich potentiellen anstehenden Veränderungen anpassen zu können, die in naher Zukunft in der Umgebung passieren könnten. (...) Daher müssen Pflanzen einen Mechanismus besitzen, mit dem sie Erinnerungen verarbeiten können« (Szechyńska-Hebda M. et al. 2010).

Beispiel 3: Pflanzen erinnern sich sechs Wochen lang an die Temperatur
Nach der Winterzeit ist es für die Pflanze wichtig, zu »wissen«, wie die Temperatur in den vergangenen Wochen war, um die richtige Saison für die Blüte zu erkennen. Das wäre ohne Langzeitgedächtnis schwierig, denn nach der Winterzeit wird es nicht kontinuierlich und gleichmässig wärmer. Grosse Temperaturschwankungen, Phasen der Abkühlung oder Wärmeeinbrüche sind häufig. Die blühreife Pflanze muss im Frühling derartige Schwankungen als solche erkennen können. Das ist aber nur möglich, wenn sie das Wetter über mehrere Wochen erkennen, registrieren und sich daran erinnern kann. Ein Team um Kentaro Shimizu von der Universität Zürich konnte zusammen mit japanischen Kollegen zeigen, dass sich die Hallersche Schaumkresse *(Arabidopsis halleri)* über sechs Wochen an das Wetter erinnern kann. Dabei spielt ein für die Blütezeit verantwortliches Gen eine wichtige Rolle (Aikawa S. et al. 2010).

8 *Schwarmintelligenz in Pflanzenwurzeln?*
František Baluška, Simcha Lev-Yadun und Stefano Mancuso stellen die Hypothese auf, dass Pflanzenwurzeln mit Hilfe einer rudimentären Art von Schwarmintelligenz individuelle Wurzeln mit dem ganzen komplexen Wurzelsystem koordinieren können. Pflanzen, schreiben sie, entwickeln extrem komplexe Wurzelsysteme: Eine einzelne Winterroggenpflanze zum Beispiel entwickelt 13 815 672 Wurzeln mit einer Gesamtoberfläche, die rund 130-mal grösser ist als die Pflanzensprosse. Jede Wurzel zeigt ein individuelles Wachstumsverhalten. Darüber hinaus gibt es ein koordiniertes Gruppenverhalten, dank dem die Pflanze Bodenressourcen optimal ausnutzen kann. Wurzeln, schreiben sie weiter, scheinen ein sensorisches Informationskollektiv im Wurzelsystem zu bilden. »Sie müssen sich entscheiden, wo sie wachsen sollen und wo nicht, ob sie kämpfen oder sich zurückziehen sollen angesichts konkurrenzfähiger anderer Wurzeln [vgl. das Kapitel ›Das versteckte Sozialleben der Pflanzen‹] oder ob sie symbiotische Beziehungen mit Mykorrhizapilzen eingehen sollen [vgl. das Kapitel ›Hirse füttert Flachs‹]. (...). Wurzeln geniessen ein reiches ›soziales‹ Leben auf der individuellen Pflanzenebene, und sie lösen immerfort Probleme, die man kognitiv nennen könnte. (...) Pflanzen erwerben sich Informationen nicht nur vom eigenen Wurzelsystem, sondern auch durch soziale Interaktionen mit anderen Pflanzen. (...) So können sie besser in

der dreidimensionalen und gefährlichen dunklen Untergrundwelt überleben« (Baluška F., Lev-Yadun S. und Mancuso S. 2010).

Das versteckte Sozialleben der Pflanzen

9 Die Tomatenduftstoffe, die der Teufelszwirn *(Cuscuta)* »riecht«, bestehen aus Beta-Phellandren und Beta-Myrcen (Runyon J. B. et al. 2006).

10 Zum Teufelszwirn: Runyon J. B. et al. 2006.

11 Der Teufelszwirn ist mit dieser Strategie sehr erfolgreich: In den USA gehört er zu den zehn meistgefürchteten Unkräutern. Allein in Kalifornien verursacht der Teufelszwirn bei den Tomatenbauern jährlich Ernteverluste im Wert von rund vier Millionen Dollar. Bei einem von Teufelszwirn befallenen Tomatenfeld kann der Ertrag um bis zu fünfundsiebzig Prozent einbrechen.
Teufelszwirn kommt in Europa ebenfalls vor und befällt auch Luzerne, Soja, Klee, Kartoffeln oder Zuckerrüben. Er ist schwer auszurotten, weil Herbizide auch die Wirtspflanzen zerstören.

12 *Pflanzen kämpfen gegen Pflanzen – weitere Beispiele*
Die parasitären Striga sind in Afrika südlich der Sahara gefürchtet. Die Pflanzen mit den rosa Blüten parasitieren die Wurzeln von Mais, Sorghumhirsen oder Kuhbohnen. Mit ihren Haustorien, kleinen Saugorganen, dringen sie in die Zellen der Wirtswurzeln ein und gelangen so an den nahrhaften Pflanzensaft. Heute ist bekannt, wie Striga ihre Opfer finden: Sie erkennen diese an einem Signalstoff (Strigolacton), den die Wirtspflanze mit der Wurzel ausscheidet. Striga richten jedes Jahr grosse Schäden an und sind kaum auszurotten (Biedrzycki M. L. und Bais H. P. 2010b).
Der Echte Walnussbaum *(Juglans regia)* enthält in seinen Blättern die chemische Substanz Juglon. Mit den Blättern gelangt das vorerst inaktive Juglon im Herbst auf den Boden, wird ausgewaschen und von Bodenmikroben in eine aktive Form umgewandelt. Das aktive Juglon wirkt bereits in geringen Konzentrationen hemmend auf die Keimung anderer Pflanzen (Biedrzycki M. L. und Bais H. P. 2010b).
Das invasive Schilfrohr *(Phragmites australis)* sondert über die Wurzeln Gallussäure in den Boden ab. Das Phytotoxin tötet benachbarte einheimische Pflanzen ab. Schilfrohr kann auf diese Weise neue Territorien erobern (Rudrappa T. et al. 2007).

Reis wehrt sich gegen Echinochloa oryzoides

Reis-Hühnerhirse *(Echinochloa oryzoides)* ist ein lästiges Unkraut in Reisfeldern. Doch der Reis wehrt sich: Wenn Reissetzlinge neben solchen von *Echinochloa oryzoides* aufwachsen, produzieren sie hohe Mengen an Momilacton B, welches das Wachstum des Unkrauts hemmt, dem Reis selbst aber nichts ausmacht. Die Reispflanze identifiziert offenbar das Unkraut anhand bisher unbekannter Signalstoffe und beginnt dann, sich mit der Produktion von Wachstumshemmern zu wehren. Solche induzierbaren Verteidigungsmechanismen könnten auch für die Landwirtschaft interessant sein (Kato-Noguchi H. 2011).

13 *Pflanzenkommunikation – weitere Beispiele*

Beispiel 1: Kommunikation zwischen Pflanzen und Bakterien

Wir können Bakterien manchmal riechen; wir kennen zum Beispiel den Geruch nach Fäulnis oder nach gegorener Milch. Vor einigen Jahren fanden Forscher heraus, dass auch Pflanzen die Duftstoffe gewisser Bakterien »riechen« können. Sie reagieren darauf und erhöhen oder vermindern ihr Wachstum. Bei bestimmten Bakteriengerüchen bilden sie bis zu fünfmal mehr Biomasse, bei anderen sterben sie ab. Andere bakterielle Duftstoffe regen die Abwehrkräfte von Pflanzen an.

Über diese Kommunikation zwischen Pflanzen und Bakterien ist noch sehr wenig bekannt. Bisher konnten im Labor erst ein paar wenige Duftstoffe identifiziert werden. Doch falls sich die Laborversuche auch im Feld bestätigen, könnte die Entzifferung des Duftstoffvokabulars zwischen Pflanzen und Bakterien für die Landwirtschaft zu interessanten neuen Perspektiven führen (Bailly A. und Weisskopf L. 2012).

Beispiel 2: Kommunikation zwischen Tomate und Mikroorganismen

Wenn Mottenschildläuse Tomatenblätter attackieren, dann holen sich die Tomatenwurzeln unter dem Boden Hilfe: Sie locken nützliche Mikroorganismen an, unter anderem saprophytische Pilze, grampositive Bakterien und Actinomyzeten. Diese stärken offenbar die Abwehrkräfte der Tomatenpflanze (sogenannte induzierte systemische Resistenz) und helfen ihr, die Mottenschildläuse abzuwehren (Yi H.-S. et al. 2011).

Beispiel 3: Kommunikation zwischen Salbei und Wildem Tabak

Salbei und Tabak sind nicht miteinander verwandt. Doch der Wilde Tabak »versteht« die Duftstoffsignale des Salbeis: Wächst

Wilder Tabak neben einem Salbei, der von Schädlingen verletzt wurde, kann er sich besser und schneller gegen solche Schädlinge wehren, als wenn er neben einem unverletzten Salbei wüchse. Er entschlüsselt die »SOS«-Signale des Salbeis und kann sich frühzeitig vorbereiten (Karban R. et al. 2003).

Beispiel 4: Kommunikation zwischen Mais und Fadenwürmern

Wenn Maiswurzeln von Larven des Maiswurzelbohrers angefressen werden, senden sie einen Botenstoff aus, der Fadenwürmer (Nematoden) anlockt. Die kleinen Fadenwürmer befallen die Larven und töten sie ab (Rasmann S. et al. 2005).

Beispiel 5: Kommunikation zwischen Reis und verschiedenen Nützlingen

Reispflanzen, die von *S. frugiperda* befallen werden, produzieren rund dreissig verschiedene Duftstoffe, um mehrere natürliche Feinde des Schädlings anzuziehen, darunter zum Beispiel *C. marginiventris* (War A. R. et al. 2011).

14 Susan Dudley und ihre Versuche: Biedrzycki M. L. et al. 2010.

15 *Luftverschmutzung erschwert die Kommunikation von Pflanzen mit Pflanzen*

Manche Pflanzen, die von Schädlingen angegriffen werden, senden »SOS«-Duftstoffe aus, die ihre Nachbarn warnen. Diese können sich besser und früher auf den Schädlingsangriff vorbereiten. Doch Luftschadstoffe erschweren diese Kommunikation. Bei Limabohnen wurde nachgewiesen, dass bereits eine Ozonkonzentration von 80 ppb, wie sie oft in der Natur auftritt, die Kommunikation zwischen den Pflanzen signifikant stört (Blande J. D. et al. 2011).

16 Bis heute haben Forscher bei 900 Pflanzenfamilien rund 2000 Duftstoffe identifiziert (War A. R. et al. 2011).

17 Susan Dudley schreibt zur Verwandtenerkennung durch Wurzeln: »In bisher drei Versuchen wurden unterschiedliche Wurzelallokationen [Zuteilungen beschränkter Ressourcen] zwischen Gruppen von Verwandten und Gruppen von Fremden, die einen Topf teilten, gefunden. Beim Nordamerikanischen Meersenf *(Cakile edentula)* haben Gruppen von Fremden eine grössere Wurzelallokation als Gruppen von Verwandten. Umgekehrt verhält es sich bei zwei anderen Arten: Beim Weissen Gänsefuss *(Chenopodium album)* und beim Springkraut *(Impatiens pallida)* haben Gruppen von Fremden eine kleinere Wurzelallokation als Gruppen von Verwandten« (Biedrzycki M. L. et al. 2010; Murphy G. P. und Dudley S. A. 2009).

18 Susan Dudley sagt: »Unsere Erkenntnisse könnten auch für die Landwirtschaft interessant sein. Heute werden vor allem nahverwandte Kulturpflanzen (monospezifische Genotypen) im gleichen Feld angebaut. Da stellt sich die Frage, ob dies wirklich eine gute Idee ist. Könnte es nicht sein, dass nahe Verwandte in Monokulturen weniger miteinander konkurrieren – und als Folge weniger widerstandsfähig sind gegenüber Schädlingen und Krankheiten? Da ist noch viel Forschung nötig« (Interview 2011).

19 Wurzeln der Erbsenpflanze unterscheiden zwischen Selbst und Nichtselbst: Gruntman M. und Novoplansky A. 2004.

20 Flohknöterich und Idaho-Schwingel: Broz A. K. et al. 2010.

21 Der Duftstoffcocktail von *Rhododendron tomentosum* besteht aus Leden, Ledol und Palustrol.

22 Die insektenabwehrende Wirkung der Rhododendronblätter sei bekannt, schreibt Jarmo Holopainen. Zu Grossmutters Zeiten habe man während des Sommers die wollenen Winterkleider zusammen mit Rhododendronblättern auf dem Dachboden aufbewahrt (Himanen S. J. et al. 2010).

23 Hängebirken und Rhododendron: Himanen S. J. et al. 2010.

24 Rosenkohl und Kohlweissling: Hilker M. und Meiners T. 2010.

25 Waldkiefern *(Pinus sylvestris)* erkennen schädliche Gemeine Kiefernbuschhornblattwespen *(Diprion pini),* wenn diese ihre Eier auf den Nadeln ablegen. Wie Monika Hilkers Team herausfand, verströmen die Bäume drei Tage nach Eiablage ein Duftstoffgemisch aus Terpenoiden, das Parasiten anlockt, die dann die Eier fressen (Hilker M. und Meiners T. 2010).

26 Hisashi Kato-Noguchi schreibt: »Durch die Ausscheidung von Wurzelexsudaten [Signalstoffen] können Pflanzen die Gemeinschaft von Bodenmikroorganismen in ihrer Umgebung regulieren, sie können die chemischen und physikalischen Eigenschaften des Bodens verändern und das Wachstum konkurrierender Pflanzen behindern« (Kato-Noguchi H. 2011).

Hirse füttert Flachs

27 Es gibt zwei Hauptformen von Mykorrhizapilzen: Die *Endomykorrhizapilze* wachsen in die Wurzelzellen hinein, zum Beispiel bei Hirse und Flachs. Die meisten einheimischen Krautpflanzen leben in Symbiose mit Endomykorrhizapilzen. Ein Grossteil unserer Waldbäume lebt hingegen mit *Ektomykorrhizapilzen* zusammen.

Diese umspinnen mit ihren Pilzfäden die Wurzeln mit einem dichten Netz, wachsen aber nicht in die Zellen hinein.

28 *Photosynthese von C_4- und C_3-Pflanzen*

Hirse ist eine C_4-Pflanze, Flachs eine C_3-Pflanze. C_4-Pflanzen sind Spezialisten und binden Kohlendioxid besser als C_3-Pflanzen; sie sind besser an warme und trockene Gegenden angepasst. Unter diesen klimatischen Bedingungen können sie mittels Photosynthese mehr Kohlenhydrate herstellen. Sie werden C_4-Pflanzen genannt, weil das erste Produkt der Photosynthese eine Kohlenstoffverbindung mit vier Kohlenstoffatomen, also 4 C-Atomen, ist. Zu den C_4-Pflanzen gehören einige Gräser, wie zum Beispiel Hirse, Mais oder Zuckerrohr. Bei den normalen C_3-Pflanzen ist das erste Photosyntheseprodukt eine Verbindung mit 3 C-Atomen.

29 *Isotopenuntersuchung*

Natürlich vorkommender Kohlenstoff (C) auf der Erde setzt sich aus drei Isotopen zusammen: ^{12}C, ^{13}C und ^{14}C.

Sowohl Hirse wie auch Flachs produzieren mittels Photosynthese Kohlenhydrate. Doch die C_4-Pflanze Hirse produziert ein Kohlenhydrat, dessen Verhältnis von ^{12}C und ^{13}C sich von demjenigen der C_3-Pflanze Flachs unterscheidet. Mit einem Massenspektrometer kann man diese Unterschiede in der Isotopenzusammensetzung genau bestimmen. So lässt sich nachweisen, welche Kohlenhydrate von der Hirse und welche vom Flachs stammen.

30 *Informationsaustausch über Mykorrhizanetze: das »Internet der Pflanzengemeinschaften«*

Mykorrhizanetze ermöglichen einen Austausch von Nährstoffen und, so zeigen neue Studien, einen Austausch von Informationen. So konnten Ren Sen Zeng und seine Kollegen von der Südchinesischen Landwirtschaftsuniversität in Guangzhou zeigen, dass sich Tomatenpflanzen über das Mykorrhizanetz vor drohendem Mehltaubefall warnen können. Die vorgewarnten Pflanzen waren deutlich besser gewappnet und hatten mildere Symptome. Das Experiment: Ren Sen Zeng und sein Team zogen jeweils zwei Tomatenpflanzen in einem Topf auf, einige mit und einige ohne Mykorrhizapilze. Auf eine Pflanze sprühten sie einen Schimmelpilz *(Alternaria solani)*. Fünfundsechzig Stunden später infizierten sie die zweite Pflanze und beobachteten, wie sie mit dem Erreger zurechtkam. Alle Tomatenpflanzen waren in luftdichte Tüten eingepackt, um zu verhindern, dass sich die Tomaten via Duftstoffe in der Luft gegenseitig warnen konnten. Das Resultat war eindeutig: Die Tomatenpflanzen in Mykorrhizanetzen entwickelten weniger oft Krankheitssymptome, und wenn, dann waren diese schwächer ausgeprägt. Sie hatten häufiger und schneller Verteidigungsgene und -enzyme aktiviert. Offenbar hatten die verletzten Tomaten via Mykorrhizen ihre Nachbarinnen gewarnt, so dass sich diese besser wehren konnten. Die unterirdischen Pilzgeflechte, meinen die Forscher, könnten als Verteidigungsnetzwerke in Pflanzengemeinschaften dienen. Ren Sen Zeng nennt das Mykorrhizanetz das »Internet der Pflanzengemeinschaften«. Wie diese Kommunikation funktioniert, welche Signalstoffe die Pilze und Tomatenpflanzen dazu benutzen, weiss man noch nicht (Song Y. Y. et al. 2010).

31 Douglastannen »füttern« Sämlinge: Teste F. P. et al. 2009.

32 Verena Wiemken schreibt: »In den USA ist ein Kahlschlag riesiger Waldflächen erlaubt, daher ist die Arbeit von Simard wichtig. Sie zeigt die Nachteile auf, nämlich dass eine Naturverjüngung auf solch kahlen Flächen ausbleibt. In der Schweiz ist ein Kahlschlag in diesem Ausmass nicht erlaubt; Naturverjüngung ist die Regel. Der Wald wurde hierzulande seit Jahrhunderten als Lebensgemeinschaft aufgefasst (Mensch mit eingeschlossen). Die Beziehungen der Lebewesen im Wald werden von der Wissenschaft intensiv untersucht« (persönliche Mitteilung 2011).

33 Die Knoblauchsrauke *(Alliaria petiolata)*, eine invasive Staude in nordamerikanischen Wäldern, greift durch unterirdisch abgesonderte Botenstoffe direkt in das Mykorrhizanetz ein: Sie scheidet mit den Wurzeln Benzyl-Isothiocyanat aus. Dieser Stoff behindert das Wachstum von Mykorrhizapilzen, die zur Baumvielfalt beitragen (Wolfe B. E. et al. 2008).

34 Mykorrhiza erhöht Artenvielfalt auf Juraweide: van der Heijden M. G. A. et al. 1998.

35 *Skipisten begrünen*

Die starke Skipistenbearbeitung im Winter beschädigt die Weiden; auf diesen kahlen Böden wächst in der kurzen Vegetationszeit kaum etwas. Das kennen alle, die auf Wanderungen Skipistengebieten begegnen – es ist ein trauriger Anblick. Biologen der Universität Basel und eine Saatgutfirma wollten versuchen, solche Kahlflächen wieder zu begrünen, und »beimpften« dazu einen Teil eines Skipistengeländes ob Saas-Fee im Wallis mit einer Mischung aus Mykorrhizapilzen: Die Mischung wurde im Herbst per Helikopter ausgebracht. Erste Untersuchungen zeigen, dass Pflanzen dank des Pilzcocktails eine bessere Chance haben, sich wieder anzusiedeln.

36 Untersuchung Indien: Mäder P. et al. 2010.

37 *Auch pathogene Bodenmikroben erhalten die Artenvielfalt*
Etliche Untersuchungen zeigen: Je grösser die Artenvielfalt, desto höher ist die Produktivität, also die gesamte Biomasse. Das kann zwei Gründe haben: Jede Pflanzenart hat sich auf unterschiedliche Nährstoffe und Nischen spezialisiert – dank grosser Vielfalt können die zugänglichen Ressourcen besser genutzt werden. Wichtiger scheinen jedoch pathogene Mikroben zu sein. Diese sind meist auf bestimmte Pflanzen spezialisiert und können im Boden keine grossen Strecken zurücklegen. Stefan A. Schnitzer (University of Wisconsin-Milwaukee) und John Klironomos (University of British Columbia) konnten in verschiedenen Graslandexperimenten in Kanada und den USA zeigen, dass bei grosser Artenvielfalt die Pflanzenproduktivität um ganze 500 Prozent höher war als in Monokulturen, falls Bodenmikroben vorhanden waren. In vielfältigen Grasgemeinschaften waren zudem signifikant weniger Wurzeln infiziert als in Monokulturen, wo sich die Pathogene leicht von Pflanze zu Pflanze verbreiten können. In sterilen Böden gab es kaum Unterschiede (Schnitzer S. A. und Klironomos J. 2011; Maron J. L. et al. 2011).

38 Pflanzen, die Phosphate gut akquirieren können, produzieren sogenannte Komplexbildner, zum Beispiel Zitronensäure, die schwer zugängliche Phosphate in Lösung bringen und als Nährstoff verfügbar machen können.

39 *Biolandbau und Mykorrhiza*
Der Biolandbau schneidet punkto Mykorrhizen besser ab als der konventionelle Landbau. Etliche Studien zeigen, dass biologisch bewirtschaftete Böden viel stärker von Mykorrhizanetzen durchzogen sind (Mäder P. et al. 2000).

40 Weniger tief pflügen – Langzeitversuch am FiBL: siehe Anmerkung 105.

Streicheln lohnt sich

41 Die Kehrseite der Hochleistungszucht: Viele Tiere haben Stoffwechsel- und Fruchtbarkeitsstörungen und leiden an Eutererkrankungen. Zudem sind die Kühe genetisch so ausgereizt, dass sie

sogar dann noch Milch produzieren, wenn sie sich damit selbst ruinieren. Unsere Kühe werden heute im Durchschnitt nur noch fünf Jahre alt, halb so alt wie vor fünfzig Jahren. »Wir haben eigentlich gestörte Kühe herangezüchtet«, sagt Urs Niggli, Direktor des Forschungsintituts für biologischen Landbau (FiBL).

42 Silvia Ivemeyer, Wissenschaftlerin am FiBL, hat in ihrer Dissertation, an der sechsundvierzig Schweizer Milchwirtschaftsbetriebe beteiligt waren, festgestellt, dass eine gute Mensch-Kuh-Beziehung sich positiv auf die Eutergesundheit der Kühe auswirkt. In Betrieben, in denen das Melkpersonal mit den Kühen während des Melkens mehr positiven Umgang hatte (beruhigendes Reden, Streicheln, Berühren), fand man in der Milch eine geringere Zellzahl. Eine erhöhte Zellzahl (über 100 000 pro Liter) ist ein anerkannter Indikator für Euterentzündungen, da diese Zellen eine erhöhte Immunabwehrreaktion anzeigen. In Betrieben mit mehr scheuen Kühen war die Anzahl der Zellen in der Milch höher; sie hatten also mehr Eutergesundheitsprobleme (Ivemeyer S. 2011).

43 Dissertation von Anet Spengler Neff: Spengler Neff A. 2011.

44 *Weitere Forschungsprojekte zur Rindergesundheit und -zucht am FiBL*
Forschungs- und Beratungsprojekt: Passen Herde und Betrieb zusammen?
Bei der Zucht von Biokühen wird mehr Wert gelegt auf Fruchtbarkeit, Eutergesundheit und Nutzungsdauer und weniger auf die Milchmenge. Doch die Ansprüche an eine ideale Biokuh sind das eine, das Zusammenspiel von Herde und Betrieb ist das andere. Anet Spengler Neff untersuchte mit Kollegen vom Landwirtschaftlichen Bildungs- und Beratungszentrum Plantahof in Landquart rund hundert Biobetriebe in Graubünden. Sie erhoben mit Hilfe von Fragebögen Daten zu den Kühen, zum Standort, zur Fütterung, zum Stall etc. und werteten die Antworten wissenschaftlich aus. Von den Analysen und der entsprechenden Beratung zur standortgerechten Zucht profitierten dann auch die Bauernfamilien (Spengler Neff A. et al. 2010).
»LowInputBreeds«, »Feed no Food« und »pro-Q«
Beim Zuchtprojekt »LowInputBreeds« wird nach Genen geforscht, die für die Gesundheit von Braunviehkühen eine Rolle spielen. Dann könnte bei der Zucht direkt nach diesen genetischen Informationen gesucht werden. Bei »Feed no Food« wird erforscht, wie mit einer an Tier und Betrieb angepassten Fütterung von Milchkühen der Kraftfutterverbrauch stark gesenkt oder sogar ganz ver-

mieden werden kann. Bei »pro-Q« entwickelten die Forschenden Bestandesbetreuungskonzepte, um die Eutergesundheit zu verbessern und den Antibiotikaeinsatz drastisch zu senken.

Hörner und Laufstall

Laufställe sind im Prinzip gut für die Kühe. Doch wegen Verletzungsgefahr werden die Tiere häufig enthornt. Das FiBL erforscht, wie sich behornte Kühe auch in Laufställen erfolgreich halten lassen, und bietet Beratungen an.

45 »Natura-Beef« steht für Fleisch von zehn Monate alten Kälbern aus der Mutterkuhhaltung. Das heisst: Die Kälber bleiben im Stall und auf der Weide die ganze Zeit mit ihren Müttern zusammen. Freilandhaltung mit Sommerweide und Winterauslauf ist die Voraussetzung dafür, dass das Fleisch unter diesem Label verkauft werden kann. Das Futter besteht vorwiegend aus Muttermilch, später aus Gras und Heu.

46 Die Tellington-TTouch-Methode ist benannt nach ihrer Erfinderin, der kanadischen Tierverhaltensexpertin Linda Tellington-Jones. Sie entwickelte die »ganzheitliche Körperarbeit«, bei der die Haut der Tiere durch die kreisenden »TTouches« sanft verschoben wird, Mitte der siebziger Jahre ursprünglich für Pferde. Johanna Probst berührte ein Kalb jeweils zehn Minuten lang am ganzen Körper mit diesen »TTouches«. Nach einer Pause von dreissig Minuten wurde die Behandlung wiederholt. Diese Behandlung erhielten die Tiere am zweiten, dritten und vierten Lebenstag und in den folgenden drei Wochen erneut je einmal pro Woche.

47 *Ist Biofleisch »ethischer«?*

Biorinder leben im Allgemeinen besser: Sie dürfen zum Beispiel eine längere Zeit ihres Lebens auf der Weide verbringen (BioSuisse-Knospe-Vorschrift: im Sommer 26 Tage Weide/Monat, im Winter 13 Tage Auslauf/Monat oder Laufstall; IP-Vorschrift für konventionell gehaltene Rinder: 60 Tage Weide/Jahr). Doch für die Schlachtung gelten die gleichen Regeln. Es gibt keine besonders tierfreundlichen Vorschriften für Biorinder in Bezug auf Transport und Schlachtung.

48 Ernst Hermann Maier respektive sein Sohn Edgar und seine Tochter Annette, die den Hof vor vierzehn Jahren übernommen haben, besitzen rund 250 Tiere der Fleckviehrasse (Simmentaler), vermischt mit alten Landrassen. Maier nennt seine Tiere Uria-Rinder in Anlehnung an den Ur, den ausgestorbenen Auerochsen. Sie

leben ganzjährig auf der Weide, männliche und weibliche Tiere zusammen. Der Bauer benutzt für den Betäubungsschuss einen Schalldämpfer und schiesst aus einer Entfernung von maximal fünf Metern auf das zu schlachtende Tier. Dreizehn Jahre lang kämpfte der Biobauer dafür, dass er seine Rinder auf der Weide töten darf. Doch die örtliche Verwaltung verweigerte ihm zuerst die Schiesserlaubnis für die Betäubung seiner Tiere auf der Weide. Dann hiess es, das Tierschutzgesetz verbiete das »öffentliche Töten«. Und schliesslich entsprach das Ausbluten der Tiere auf der Weide nicht den Hygienevorschriften der Europäischen Union. Doch der »Revoluzzer von Balingen«, wie der Biobauer heute genannt wird, setzte sich durch – dazu waren indes viele Gerichtstermine nötig. Auf dem Höhepunkt der Auseinandersetzung wurden seine Tiere vergiftet, fünfzehn starben. Mehr als eine Million Euro hat ihn sein Widerstand gekostet – und in den Ruin getrieben. Der Hof des heute achtundsechzigjährigen Bauern wurde im Jahr 2000 zweimal zwangsversteigert. Beim ersten Versteigerungstermin ging nur eine Wiese verloren. Beim zweiten Mal wurde dagegen der Hof verkauft und zerschlagen. Es sei ihm jedoch gelungen, »eine Galgenfrist von drei Wochen herauszuschinden, ehe die Käufer den Zuschlag und damit das Eigentum erhalten konnten«, wie Maier am Telefon stolz erzählt. Praktisch zur gleichen Zeit entschied der Verwaltungsgerichtshof Baden-Württemberg, dass sich die Behörden über viele Jahre rechtswidrig verhalten hatten, und erteilte Maier die Schiesserlaubnis. Nach diesem Gerichtsentscheid erschien in der lokalen Tageszeitung der Aufruf, für Ernst Hermann Maier zu sammeln. »Innerhalb von zwei Wochen zahlten über 100 Menschen mehr als 600 000 D-Mark zur Rettung des Hofes«, berichtet der Dickschädel von Balingen. Er nennt es das »Wunder von Uria«. Über seinen langen Kampf hat der Schwabe ein Buch geschrieben: *Der Rinderflüsterer* (Maier E. H. 2009). Und er hat den Verein Uria gegründet, der sich der Abschaffung der Schlachttiertransporte verschrieben hat (www.uria.de). Heute haben sich die Gemüter am Fusse der Schwäbischen Alb beruhigt. Bauer Maier ist »sehr zufrieden«, und auch das Veterinäramt und der Tierschutz seien ihm nun wohlgesinnt. An der von ihm patentierten »Mobilen Schlacht Box« haben bereits einige Bauern ihr Interesse angemeldet. Überdies enthornt und kastriert der Bauer seine Tiere nicht, das sei »überhaupt nicht nötig«, sagt er. Und statt einer Ohrmarke setzt er ihnen mittels

Injektion einen Mikrochip neben die Schwanzwurzel. Diese Injektion spüre das Tier praktisch nicht. Trotz der grossen Herde und obwohl Muttertiere mit ihren Jungen sowie bis zu fünfzig Bullen auf der Weide grasen, sei er noch nie angegriffen worden.

Das Wissen der Wodaabe-Nomaden

49 Studie von Saverio Krätli: Krätli S. 2008.

50 Die Milch hat einen typisch schlechten Geruch, wenn die Kuh *pottalhi (Crotalaria podocarpa)* gefressen hat, und sie hat einen unangenehmen Geschmack nach dem Verzehr von *gajalol (Panicum turgidum).* Demgegenüber hat sie nach dem Verzehr von *nyaanyataare (Peristrophe bicalyculata)* oder *ndiriiri (Sporobolus festivus)* einen charakteristisch guten Geschmack. Der Verzehr von *tuppere (Tribulus terrestris),* speziell in dessen frühen Entwicklungsstadien, macht die Milch wässrig und fettarm, während sie dick und reichhaltig wird, wenn die Kuh *nguDe-nguDeeri (Dactyloctenium aegyptiacum)* oder *saraho (Aristida gracilis)* gefressen hat (Bonfiglioli A. M. 1981; Krätli S. 2008).

51 Saverio Krätli sagt: »Die Wodaabe-Hirten ziehen während der Regenzeit viel häufiger herum als während der Trockenzeit. Wenn also mehr als genug Gras vorhanden ist, ziehen sie alle drei Tage weiter, und zwar, weil sie für ihre Tiere das beste Futter finden wollen. Das ist eine ganz andere Perspektive, als wir sie normalerweise haben. Sie gehen nicht von einem Problem weg, sondern sie bewegen sich auf einen Vorteil zu.«

52 *Eine weitere Fresstechnik der Bororo-Zebus*

In der Nähe von Wasserstellen sind Fettblattbäume (*bamammbi* oder *Calotropis procera*) oft die einzigen Pflanzen. Ihre jungen Blätter enthalten einen weissen Milchsaft und sind sehr begehrt. Wenn die Äste zu weit oben sind, biegen die Bororo-Zebus sie mit ausgestrecktem Hals zuerst nach unten, um an die zarten Teile zu gelangen. Dann brechen sie den Ast einen halben Meter vor dem vorderen Teil ab. Dieser verschwindet langsam im Maul des Tieres, ohne dass dabei etwas zu Boden fällt. Saverio Krätli meint: »Wie ein Sägewerk, und alles ist weg. Das ohne Hände zu tun ist ein ziemliches Kunststück.«

53 Saverio Krätli schreibt: »Neugeborene Kinder erhalten ein oder mehrere weibliche Kälber von den besten Kühen der Herde, je nach Reichtum der Familie. Das Ziel ist, dass diese Tiere ›Matri-

archinnen‹ in zukünftigen Herden werden. Verarmte Familien geben manchmal nur den Knaben ein Kalb. Die Tiere der Frauen werden in der Herde eines Mannes aus ihrer Familie gehalten, zum Beispiel eines Bruders – doch nie in derjenigen ihres Ehemannes. Die Besitzerin wird dann entscheiden, ob und wann diese Tiere ausgeliehen oder verkauft werden können. Einige Frauen werden auch mit ihren Kühen weiterzüchten wollen« (Krätli S. 2008).

Unendliche Beziehungsgeschichten oder: Vom Menschenbild der Kartoffel

54 *Was ist eine Pflanze, was ist ein Lebewesen?*
Ist ein Lebewesen eine Form materiellen Seins, das sich nur durch seine Komplexität von anderem materiellen Sein unterscheidet? Kann es also ausschliesslich in Bezug auf seine physikalischen und chemischen Eigenschaften erklärt werden? Oder gehört mehr dazu, gibt es prinzipiell unbekannte Eigenschaften, die zu jedem Lebewesen gehören?

Die Frage nach dem Wesen des Lebens ist eine der ältesten und wichtigsten Fragen sowohl in den Naturwissenschaften als auch in der Philosophie. In einer Gesamtschau aller bisherigen Lebenstheorien erkennt der Basler Philosoph Andreas Brenner zwei Hauptstränge, wie er in seinem lesenswerten Buch *Leben. Eine philosophische Untersuchung* (Brenner A. 2007) schreibt. Auf der einen Seite finden sich mechanistisch-funktionale Modelle. Dabei erscheint Leben als eine Art Maschine, deren Wesen grundsätzlich verstanden werden kann, wenn erst einmal die wissenschaftlichen Instrumente zur exakten Untersuchung vorhanden sind. Descartes' Materialismus, die Anfänge der Gentechnik oder die synthetische Biologie sind Beispiele dafür. Auf der anderen Seite stehen holistische Lebenstheorien, die davon ausgehen, dass allem Leben im Kern ein nicht erklärbares »Geheimnis« innewohnt, was heute vielleicht als seine »ungeklärte Emergenz« übersetzt werden kann.

Letztere Auffassung wird von vielen Lebenskonzeptionen des zwanzigsten Jahrhunderts gestützt (zum Beispiel der Emergenztheorie, der Kybernetik oder der Biosemiotik). Ein wichtiger Bezugspunkt ist dabei die Theorie der Autopoiesis, die 1972 von Humberto Maturana entwickelt wurde. *Auto* heisst »selbst«, und *poiein* bedeutet »machen«: Leben macht sich selbst, so Maturana. Leben hat die Kompetenz, sich selbst zu organisieren und zu entwerfen. Voraussetzung ist eine permanente Interaktion mit der Umgebung. Leben ist ein Prozess aus Kommunikation und Kognition. Gemäss der Theorie der Autopoiesis hat ein lebendiges System ein Selbst. Es kann nicht hergestellt werden, weil es sich selbst herstellt. Was Leben ist, versperrt sich einer Analyse »von aussen«.

Dazu kommt: Lebewesen werden nicht durch ihre Gene determiniert. Gene sind zwar wichtig, doch weder Gene noch epigenetische Regelkreise determinieren das Geschehen. Zellen und Lebewesen sind komplexe, dynamische, sich entwickelnde und selbstorganisierende Systeme. Die Gene stehen im Dienst dieses grösseren Ganzen.

Ein Lebewesen, sei dies nun ein Bakterium, ein Schleimpilz, eine Pflanze oder ein Tier, zeichnet sich demnach dadurch aus, dass es mit der Umgebung kommuniziert, sie aktiv auskundschaftet, autonom Entscheidungen fällt, zwischen Optionen auswählt und Teil einer Gemeinschaft – also ein »soziales« Wesen – ist. Erforschende Strategien und Selbstorganisation sind Voraussetzung für jede Art von Lebewesen.

Lebewesen kommunizieren und fällen Entscheidungen: zum Beispiel einzellige Schleimpilze

Einzelliger Schleimpilz bildet Tokioter U-Bahn-Netz nach

Der Schleimpilz *Physarum polycephalum* besteht aus einer einzigen formlosen gelblichen Zelle. Er hat weder ein Nervensystem noch irgendeine Art eines zentralisierten Gehirns oder Kontrollorgans. Trotzdem kann er komplexe Aufgaben lösen. Er kann zum Beispiel das U-Bahn-Netz des Grossraums Tokio nachbilden. Atsushi Tero und sein Team von der Universität Hokkaido bildeten die Lage von Ortschaften rund um Tokio mit Haferflocken nach. Auf der Flocke, die Tokios Hauptbahnhof markierte, positionierten sie einen Schleimpilz. Bald wucherte er in alle Richtungen und bildete zwischen den Haferflocken ein Geflecht, welches das Tokioter U-Bahn-Netz imitierte. Der Schleimpilz habe dieses Netzwerk mit grosser Effizienz, der dazu nötigen Fehlertoleranz und einer optimalen »Kosten«-Abschätzung gebildet, schreiben die Forscher (Tero A. et al. 2010).

Einzellige Schleimpilze betreiben »Ackerbau«

Eine andere Gruppe um Debra Brock von der Rice University in Houston, Texas, fand heraus, dass Schleimpilze der Art *Dictyostelium discoideum* eine primitive Art von Ackerbau betreiben: Sie züchten Bakterien für magere Zeiten. Die Schleimpilze fressen jeweils nicht alle Bakterien, sondern bewahren einen Rest ihrer Mahlzeit in einem Sack auf, den mehrere Schleimpilze zusammen bilden. Später, wenn keine Nahrung mehr vorhanden ist, können die Schleimpilze auf die mitgebrachten Bakterien zurückgreifen (Brock D. A. et al. 2011).

55 *Gefangen in einer Weltsicht*
Bereits unsere Sprache, schreibt der Quantenphysiker F. David Peat, sei Ausdruck einer Weltanschauung. Sie enthalte existentielle Annahmen über Raum, Zeit und Kausalzusammenhänge: »Europäische Sprachen spiegeln auf perfekte Weise die klassische Welt der Newtonschen Physik wider. Wenn wir sagen: ›Die Katze jagt die Maus‹, dann beziehen wir uns auf gut definierte Objekte (Substantive), die mit Hilfe von Verben verbunden sind. Auch die klassische Physik handelt von Objekten, die gut in Zeit und Raum lokalisiert sind und die mit Kräften und Feldern interagieren. Doch wenn die Welt nicht auf diese Weise funktioniert, werden Fortschritte gezwungenermassen erschwert.« Quanteneffekte zum Beispiel seien viel mehr prozessorientiert. Um sie beschreiben zu können, brauche es eine prozessorientierte Sprache mit vielen Verben, in der Substantive nur eine sekundäre Rolle spielen. Eine solche fand Peat beim indigenen Volk der Montagnais in Québec und Labrador in Kanada. Ihre Sprache habe eine breite Vielfalt an Verben. Es fehle die Vorstellung, dass die Welt in Kategorien von Objekten aufgeteilt werden könne, wie »Fische«, »Bäume« oder »Vögel«. Der Satz *Hipiskapigoka iagusit* zum Beispiel wurde früher übersetzt als: »Der Zauberer/Hexer besingt einen kranken Mann.« Doch diese Übersetzung würde die Wesensart der Denkprozesse der Montagnais zutiefst verfälschen. F. David Peat schreibt: »Anstelle eines Mediziners, der mit einem Kranken etwas macht, gibt es da eine Aktivität des Singens. Das Singen steht im Vordergrund. In dieser Weltsicht sind Gesänge lebendig, das Singen dauert an, und eingebettet in diesen Prozess befinden sich ein Medizinmann und eine kranke Person. Die Weltsicht der Montagnais ist fliessend und verändert sich immer. Da tauchen Objekte auf und kehren in den Fluss der Welt zurück. Da gibt es nicht dieselbe Vorstellung von einer fixierten Identität wie bei uns – sogar der Name einer Person ändert sich im Laufe ihres Lebens. Sie glauben, dass Objekte in diesem Fluss verschwinden, es sei denn, sie werden durch

periodische Rituale (...) neu belebt. (...) Wir müssen uns immer an die von der Sprache gesetzten Grenzen erinnern, wenn wir über die Welt nachdenken« (Peat F. D. 2008).

56 *Koevolution zwischen Akazien, Giraffen und Ameisen oder: Warum es wichtig ist, gefressen zu werden*

In den Savannen Kenias gehören Giraffen zu den ärgsten Feinden der Akazien; sie fressen gerne deren Blätter. Doch Akazien wehren sich auf vielfältige Weise. So produzieren sie zwischen Stängel und Dornen kleine, zuckerreiche Nektartröpfchen (sog. extrafloralen Nektar), mit denen sie Ameisen anlocken. Dann lassen sie bestimmte Dornen anschwellen, um die Ameisen zu beherbergen. Diese sind gute Verbündete: Sie greifen alle Schädlinge an, seien dies Insekten oder Säugetiere.

Forscher um Todd M. Palmer von der University of Florida haben in einem Dauerexperiment 1700 Akazien durch einen hohen Zaun vor Giraffen und anderen grösseren Pflanzenfressern geschützt. Erwartet wurde, dass die Bäume in Abwesenheit der Giraffen besser gedeihen – doch das Gegenteil passierte. Die Akazien wuchsen schlechter und waren kränker. Der Grund: Weil die Giraffen nicht mehr an den Akazien fressen konnten, bildeten diese weniger Dornen aus und produzierten weniger Nektar für die Ameisen. Daraufhin kamen die Ameisen nicht mehr. In der Folge wurden die Bäume stärker von anderen Schädlingen, zum Beispiel Borkenkäfern, befallen und wuchsen wesentlich langsamer und schlechter. Die Ausrottung eines Tieres kann einen Dominoeffekt auf viele weitere Lebewesen haben – auch das ist ein Beispiel von Koevolution (Palmer T. M. et al. 2008).

57 *Biologie aus der Teilnehmerperspektive*

Aus einem persönlichen Gespräch mit Prof. Dr. Dr. Dr. h.c. Günter Altner, Biologe und Theologe: In den Naturwissenschaften können zwei Herangehensweisen unterschieden werden. Auf der einen Seite die *Biologie des »Erklärens«*: Das ist die klassische Naturwissenschaft nach Kant und Descartes, bei der es um die Herstellung von Rahmenbedingungen geht, unter denen die Natur beobachtet und berechnet wird. Dabei gelten nur die durch Experimente und Mathematik erfassten Phänomene als Wissenschaft. Wissenschaftlich erfassbare Natur ist also nur das, was unter Voraussetzung der Berechenbarkeit erscheint. Die sich dauernd wandelnde Aktivität der »Versuchspartner« und unsere eigenen Einstellungen und Perspektiven spielen keine Rolle und werden aus der wissenschaftlichen Arbeit ausgeklammert.

Dem gegenüber steht die *Biologie aus der Teilnehmerperspektive,* die *Biologie des »Verstehens«.* Die teilnehmende Forschung geht davon aus, dass der Mensch im Kontext der Lebenszusammenhänge die Eigenschaften des Lebens nur dann angemessen beschreiben kann, wenn er zusätzlich aus dem Blickwinkel der Teilnahme, des »Hineinversetzens«, die Seite des Lebens des »Versuchspartners« mit zur Darstellung bringt. Sie basiert auf der Grundlage, dass beide Partner im Blick auf ihre Teilnahme miteinander einen Diskurs führen, der wissenschaftlich dokumentiert werden kann. Die teilnehmende Forschung ist eine wesentliche Ergänzung zur klassischen Forschung: Es sind zwei Ebenen, bei denen die Erkenntnisvoraussetzungen verschieden sind.

Günter Altner bezieht sich unter anderem auf Jakob und Thure von Uexküll, die die belebte Natur als »Komposition einer grösseren Symphonie« zu begreifen versuchten, in der unendlich viele Bedeutungszuweisungen ineinander verzahnt sind. Aufgabe der Umweltforschung sei es, durch »teilnehmende Beobachtung« sich in diese Welt der Mitteilungen einzuleben und zu verstehen, wie sich ein Lebewesen mit Bedeutungen und Nachrichten auseinandersetzt. So wird der Mensch aus seiner extravaganten Position des ausserhalb der Natur stehenden Beobachters und Ausbeuters in das Netz interartlicher Kommunikationen einbezogen, wobei sich ihm ein tieferes Verstehen der Lebensformen eröffnet. Sie fungieren nun nicht mehr als verfügbare und berechenbare Objekte, sondern als Subjekte, zu deren Verständnis es sensibler Kommunikationsverfahren bedarf.

Ein Beispiel für ein Wissenschaftsprojekt aus der Teilnehmerperspektive ist das Kapitel »Streicheln lohnt sich«: der Versuch also, durch sorgfältiges Beobachten und gezieltes Streicheln in ein »Gespräch« mit den Kälbern zu gelangen und aus dieser teilnehmenden Beziehung heraus nach neuen Einsichten und letztlich nach neuen Wegen in der Tierhaltung zu suchen, die der traditionellen Biologie verborgen bleiben. Welch grosse Bedeutung solche »Gespräche« und Beziehungen zwischen Menschen und Tieren haben können, wird bei den Wodaabe mit ihren Bororo-Zebus besonders augenfällig (vgl. das Kapitel »Das Wissen der Wodaabe-Nomaden«).

Bei Pflanzen ist die Suche nach einem »Gespräch« ein viel schwierigeres Unterfangen. Ein »Gespräch« oder eine Beziehung beruht auf Wechselseitigkeit, ist also nicht bloss eine Einbahnstrasse: Ein Kalb, das man streichelt, zeigt sein Wohlbehagen und leckt vielleicht die Hand – da ist eine wechselseitige Beziehung vorhanden, das Kalb gibt etwas zurück. Eine Weinbergschnecke zieht ihre Fühler ein, wenn sie berührt wird – auch das ist immerhin noch eine sichtbare Reaktion. Bei Pflanzen findet dies – für das menschliche Auge – jedoch viel mehr im Verborgenen statt. Untereinander und mit Mikroorganismen oder Insekten kommunizieren sie rege – doch dies bleibt uns eigentümlich verschlossen. Allenfalls können wir uns Pflanzen anhand von Indizien indirekt annähern, an ihnen teilnehmen. Es gibt Menschen, die das können – Menschen mit einem »grünen Daumen« etwa (siehe auch *Zellgeflüster* zu Schamanenwissen oder *PflanzenPalaver* zu intuitiv Wissenden) oder Züchterinnen und Züchter mit reicher Erfahrung, mit dem sogenannten »Züchterblick«: Sorgfältige und langjährige Beobachtungen von Wachstum, Physiologie und Architektur der Pflanzen können dazu führen, dass diese bei derart geübten Menschen »innere Bilder« erzeugen und Vorhersagen über ihr künftiges Potential in der Züchtung erlauben. Da geht es um einen mehrjährigen Dialog, nicht um einen Monolog des Züchters. Siehe auch Altner G. et al. 2011.

58 *Rheinauer Thesen I zu Rechten von Pflanzen (2008)*

Zur Erarbeitung der Rheinauer Thesen I haben wir (eine Gruppe von Experten und Expertinnen aus Landwirtschaft, Züchtung, Philosophie und Biologie) den Versuch unternommen, uns sorgfältig und von verschiedenen Seiten her der Pflanze anzunähern und daraus Rechte abzuleiten. Das provozierte. Und lancierte eine schwierige Debatte. Doch ein neuer Umgang mit Pflanzen bedingt auch, dass die Diskussion um ein neues Pflanzenbild nicht im unverbindlichen akademischen Luftraum hängenbleibt. Gefragt sind konkrete Konsequenzen und die Formulierung von Rechten der Pflanzen. Das war bei Tieren nicht anders. Aus diesen Rechten folgt jedoch nicht, dass Pflanzen nicht mehr gegessen oder in anderer Weise verwendet werden dürfen, sowenig wie die den Tieren zugestandenen Rechte bedeuten, sie grundsätzlich aus dem Ernährungskreislauf auszuschliessen.

Pflanzen sollen ein Recht auf Fortpflanzung und auf Eigenständigkeit haben. Dazu kommen Rechte auf das Überleben der eigenen

Art, auf den Erhalt der genetischen Vielfalt, auf respektvolle Forschung und auf den Verzicht, Pflanzen zu patentieren. Natürlich ist es schwierig, herauszufinden, wann wir mit unserem Handeln Grenzen überschreiten. Pflanzen können sich an viele Manipulationen anpassen, ohne dass sie uns ein Zeichen geben, wo für sie die Grenzen sind. Bei dieser Frage konnten wir jedoch auf die Entwicklung bei Nutztieren zurückgreifen: Erst aus der Beobachtung freilebender Tiere ergaben sich Hinweise auf »artgerechtes« Verhalten (zum Beispiel Auslauf für Kühe). Darauf fussen die heute geltenden gesetzlichen Regelungen zur Tierhaltung. Wie Tiere zeigen Pflanzen unter Laborbedingungen ein anderes Verhalten als in der freien Natur. Wie komplex pflanzliches Verhalten sein kann, wurde erst entdeckt, als die Forschenden ihren Arbeitsplatz vom Labor in die Natur verlegten. Diese Forschung könnte uns ebenfalls Indizien für Pflanzenrechte liefern.

Wenn Pflanzen – wie Tiere – als eigenständige Lebewesen wahrgenommen werden, ergeben sich daraus gewisse Regeln für den Umgang mit ihnen. Regeln und Grenzen sind nicht nur für die Pflanzen wichtig, sondern auch für uns selbst. Wir verstehen und definieren unsere Existenz wesentlich über unsere Beziehungen zu anderen Menschen, zu Tieren und Pflanzen, ja über unsere Umwelt schlechthin (Koechlin F. et al. 2008; *PflanzenPalaver,* S. 157).

59 *Rheinauer Thesen II. Züchtung als »Gespräch« (2011)*

Die Züchtung von biologischem Saatgut – also von Saatgut, das an den Biolandbau angepasst ist und zum Beispiel ohne synthetische Dünger und Pestizide einen stabilen und guten Ertrag ergibt – wird zukünftig eine eminent wichtige Aufgabe für den Biolandbau sein. Dabei sollen auch moderne Züchtungsverfahren eingesetzt werden. Doch wie weit dürfen solche Verfahren gehen, wo wird die Integrität oder die Würde der Pflanze verletzt? Kann Züchtung wirklich als ein »Gespräch« zwischen Züchter oder Züchterin und der Pflanze stattfinden?

Dazu haben wir in einer zweiten Runde die Rheinauer Thesen II *Züchtung als »Gespräch«* erarbeitet. Darin wird festgehalten: »Das Bioanbausystem muss als räumliche Grenze, die Integrität der Zelle als technische Grenze (keine Eingriffe unterhalb der Zellebene) und das Patentverbot als rechtliche Grenze anerkannt werden. Die Ökologische Pflanzenzüchtung berücksichtigt diese Grenzen und verpflichtet sich, die Fortpflanzungsfähigkeit, die Eigenständigkeit und die Evolutionsfähigkeit der Kulturpflanzen zu wahren. Analysen auf molekularer Ebene, für diagnostische Zwecke oder im Bereich der Grundlagenforschung, werden dadurch nicht eingeschränkt.«

Züchtung ist auch ein »Gespräch« im gesellschaftlichen Kontext. Dazu ein Auszug aus den Rheinauer Thesen II:

»Ökologische Pflanzenzüchtung …

… soll als gesamtgesellschaftliche Aufgabe wahrgenommen werden und Gegengewicht zur fortschreitenden Monopolisierung von Wissen und wirtschaftlicher Nutzung sein.

… beteiligt die ganze Wertschöpfungskette (Züchter, Bauern, Verarbeiter, Handel, Konsumenten und Staat) am Züchtungsprozess und an der Finanzierung.

… bezieht Erfahrungswissen und Experimentierfreudigkeit der Bäuerinnen und Bauern ein.

… gewährt einen freien und ungehinderten Austausch von Züchtungsmaterial (keine Patente).

… bedarf der Unterstützung der Wissenschaft« (Koechlin F. et al. 2011).

60 *Das Tier ist keine »Sache«*

Tiere gelten in der Schweiz nicht mehr als »Sache«. Das neue Tierschutzgesetz, das seit 2008 in Kraft ist, verpflichtet sich zum Schutz der Würde des Tieres. Es anerkennt nicht nur, dass Tiere empfindungsfähige Wesen sind, sondern respektiert darüber hinaus ihren Eigenwert, ihre artspezifischen Eigenschaften und Bedürfnisse. Das Gesetz verbietet unter anderem, dass Tiere »übermässig instrumentalisiert« werden. Es gibt Verordnungen zur artgerechten Haltung von Nutztieren. Das Gentechnikgesetz verbietet zudem die Freisetzung transgener Nutztiere.

61 Gemäss Pat Shipman sind die drei wichtigsten Entwicklungssprünge in der menschlichen Evolution eng mit der Beziehung zu Tieren verbunden: die Herstellung von Werkzeugen, die Entwicklung der Sprache und die Domestikation von Tierarten.

Herstellung von Werkzeugen: Mit Hilfe von Werkzeugen, etwa mit behauenen, scharfkantigen Steinen, konnten die Frühmenschen wohl erstmals Tierkadaver ausweiden oder gar grössere Tiere töten. Die Entwicklung von Werkzeugen markiere den Übergang von den Vegetariern zu den Omnivoren, schreibt Shipman. Die neue und sehr nahrhafte Diät brachte viele Vorteile, aber auch einen Nachteil: Die Frühmenschen gelangten damit in direkte Konkurrenz zu anderen Fleischfressern, wie Löwen, Leoparden und Hyänen. Shipmans Hypothese: Unsere Urahnen hatten die Fähigkeit entwickelt, die Gewohnheiten sowohl von Fleischfressern als auch von Beutetieren sehr genau zu beobachten und ihr Verhalten zu antizipieren. Erst diese Fähigkeit ermöglichte es ihnen, in Konkurrenz zu den stärkeren und schnelleren Raubtieren zu überleben.

Entwicklung der Sprache: Die Kontinuität einer starken Mensch-Tier-Beziehung, die sich vor 2,6 Millionen Jahren herausbildete, sei eminent wichtig für die Entwicklung von Sprache gewesen, so Shipman. Es könnte doch sein, meint sie, dass die Komplexität und Wichtigkeit tierbezogener Informationen frühe Menschen dazu anregte, in dieser Beziehung weiter zu gehen als ihre Primatenverwandten.

Die *Domestikation* als dritter entscheidender Schritt sei als natürliche Progression unserer nahen Verbindung mit und des Verstehens von anderen Arten entstanden (Shipman P. 2011).

62 Die berühmten, etwa 17 000 Jahre alten Höhlenmalereien von Lascaux befinden sich in der französischen Dordogne. Pat Shipman hat sie besucht. Sie beschreibt die »Halle der Stiere«: »Die Tiere waren gewaltig – einige von ihnen drei Meter lang – und prächtig. Da gab es keine kleinlichen künstlerischen Konventionen: keine Rahmen, die rechteckige Flächen formten, (...) keine Grundlinien, keine Landschaften, nichts – nur vor Kraft strotzende Stiere, Hirsche und Pferde, die herumwirbelten und -rannten, die Decke, die Wände, die Buckel und die flachen Orte bedeckten und aus der Dunkelheit auf uns zusprangen. Einen Moment lang dachte ich, ich würde nach hinten fallen. Die Malereien waren unglaublich kühn und allgegenwärtig« (Shipman P. 2011, S. 159).

63 Jean Ziegler, Vizepräsident des Beratenden Ausschusses des UN-Menschenrechtsrats, sagte in einem Interview: »2008 gab es in 27 Ländern Hungerrevolten, wie etwa in Ägypten oder in Kamerun. Laut dem Welternährungsindex der Ernährungs- und Landwirtschaftsorganisation der Vereinten Nationen FAO sind die Preise für Mais in den letzten 18 Monaten um 73 Prozent gestiegen, für Reis um 64 Prozent und für Getreide um 110 Prozent. Eine Tonne Getreide wird heute für rund 270 Euro gehandelt. Im Januar 2010 kostete die Tonne noch 110 Euro« (Südbeck-Baur W. 2012).

64 Die von der FAO in Auftrag gegebene Studie *Global food losses and food waste. Extent, causes and prevention* kommt zum Schluss: Etwa ein Drittel der weltweit für die menschliche Ernährung produzierten Lebensmittel geht verloren oder wird verschwendet – das sind etwa 1,3 Milliarden Tonnen pro Jahr.
Weitere Schlüsselergebnisse:
– Jedes Jahr verschwenden die Konsumenten in den reichen Ländern fast so viele Lebensmittel (222 Millionen Tonnen), wie Afrika südlich der Sahara netto an Lebensmitteln produziert.
– Der Betrag der jährlich verlorenen oder verschwendeten Nahrungsmittel beträgt mehr als die Hälfte der jährlichen weltweiten Getreideernte (2,3 Milliarden Tonnen 2009/10).
– Pro Kopf verschwendet ein Konsument in Europa oder den USA jährlich 95 bis 115 Kilogramm, während ein Konsument im subsaharischen Afrika in der gleichen Zeit lediglich 6 bis 11 Kilogramm wegwirft.
– Der Verlust und die Verschwendung von Lebensmitteln verursachen auch eine erhebliche Vergeudung von Ressourcen, wie Wasser, Land, Energie, Arbeit oder Kapital. Zudem werden unnötigerweise Treibhausgase produziert (Gustavsson J. et al. 2011).

65 *Weltweite Landwirtschaft*
Aus der Zusammenfassung des Weltagrarberichts: »Fast eine Milliarde Menschen hungern auf diesem Planeten, während ebenso viele an krank machender Fettleibigkeit leiden. 2,3 Milliarden Tonnen Getreide werden weltweit geerntet, mehr als je zuvor. Doch nur 47 Prozent dieser Ernte dienen der menschlichen Ernährung. Der Rest wird zu Tierfutter, Agrosprit und Industrierohstoffen verarbeitet. Unser Ernährungssystem ist eine der wichtigsten Ursachen für den Klimawandel, das Artensterben, für Umweltvergiftung, Wasserknappheit, vermeidbare Krankheiten, Kinderarbeit und Ungerechtigkeit« (Zukunftsstiftung Landwirtschaft 2009; IAASTD 2009). Siehe auch Anmerkung 83.

66 *Landwirtschaft und Konsum in Europa:*
Eine radikale Veränderung ist nötig
Der Ständige Agrarforschungsausschuss der Europäischen Kommission veröffentlichte 2011 den Zukunftsbericht *Sustainable food consumption and production in a resource-constrained world.* Die Studie wurde im Mai 2011 in Budapest vorgestellt und von den Agrarministerien der siebenundzwanzig EU-Staaten für gut befunden.

Die wichtigsten Schlussfolgerungen sind: Die Landwirtschaft steht vor nie dagewesenen Herausforderungen. Da spielen mehrere Faktoren gleichzeitig eine Rolle – so etwa Klimaextreme, die kritischen Grenzen sowohl der weltweiten wie auch der regionalen Ausnützung natürlicher Ressourcen und die soziopolitischen Entwicklungen. All diese Faktoren hängen voneinander ab, und die Dynamik der Feedbackschlaufen sowie die Geschwindigkeit der Veränderungen sind im Voraus nicht bekannt.

Als leitendes Prinzip muss ein Konzept der Knappheit gelten, sowohl in Bezug auf natürliche Ressourcen wie auch in Bezug auf sozioökonomische Mittel. Knapp ist auch die noch verbleibende Zeit, um den bisherigen Weg zu verlassen und sich einer nachhaltigen und resilienten Landwirtschaft zuzuwenden.

Gefordert wird auch mehr Geld für eine Forschung, welche die Interaktionen zwischen den Zielen Produktivität, Umwelt, ökonomische und soziale Nachhaltigkeit zum Inhalt hat und auch untersucht, wie diese Systeme auf lange Zeit robuster und resilienter gemacht werden können. Die Forschung soll auf einer partizipatorischen und transdisziplinären Grundlage beruhen.

Im letzten Abschnitt der Studie heisst es: »Um der Ressourcenknappheit zu begegnen und den europäischen landwirtschaftlichen Nahrungsmittelsektor in Zeiten zunehmender Unsicherheiten widerstandsfähiger zu machen, ist in Europa ein radikaler Wandel in Konsum und Produktion von Lebensmitteln unumgänglich. Angeregt durch die Tatsache, dass sich Europa in der Industrie der Herausforderung des Klimawandels stellt und neue Energietechnologien zu einer Win-win-win-Strategie für den Markt, die Arbeit und das menschliche Wohlergehen zu machen versucht, sollte der europäische landwirtschaftliche Nahrungsmittelsektor sich bewusstmachen, dass sich jetzt die Gelegenheit bietet, diese Herausforderung positiv anzugehen und der Erste zu sein, der den Weltmarkt dafür gewinnt, wie man in einer Welt voller Knappheiten und Unsicherheiten nachhaltig gesunde Lebensmittel produziert« (SCAR 2011).

Die wundersame Verwandlung der Wüste

67 Zur SEKEM-Gruppe gehören: die Firma Lotus, die Biokräuter, -gewürze und -samen produziert; Atos Pharma, die Phytopharmaka produziert; NatureTex, die aus Biobaumwolle Babykleidung,

Puppen und Heimtextilien herstellt. Die Firma Libra produziert Biofrüchte, -gemüse, -kräuter, -milch, -eier, -rindfleisch, -lammfleisch, Kompost und anderes. Isis verarbeitet die Biolandwirtschaftsprodukte zu Reis, Teigwaren, Honig, Olivenöl, Tee, Kaffee, Fruchtsäften etc. und vertreibt die Nahrungsmittel auf dem Heimmarkt sowie in ausländischen Märkten. Die Firma El-Mizan verkauft Sämlinge für die Biolandwirtschaft.

68 Die Firma Lotus verarbeitet heute pro Jahr achtzig Tonnen Kräuter und Gewürze zu Tees, die unter dem Label »Isis« verkauft werden. Die Pflanzen werden von den Bauern aus ganz Ägypten bereits getrocknet geliefert. Die Lotus-Fabrik am Hauptsitz von SEKEM in Bilbais riecht man schon von weitem. Hunderte prall gefüllte Jutesäcke stapeln sich auf meterhohen Stellagen im 35 000 Quadratmeter grossen Rohwarenlager, das Platz für rund 700 Tonnen Ware bietet. In dieses Lager kommen nur jene Lieferungen, die den Bio-Qualitätstest in der Quarantäne bestanden haben. Jedes Kraut wird separat gelagert: Pfefferminze, Kamille, Koriander, Pfeffer, Majoran, Basilikum, Zitronengras, Süssholz und vieles mehr.

Während unseres Besuchs im Oktober 2010 wurden gerade Sesam, Fenchel und Anis geliefert. Die Stellagen sind nach Zertifizierungsarten unterteilt: Eine ist mit dem Label »BioSuisse«, eine andere mit »Demeter«, eine dritte mit »NOP«, dem Biozertifikat der USA, angeschrieben. An den Schneide- und Sortiermaschinen werden Kümmel- und Fenchelsamen von den Blättern und Ästen befreit. Vier Tonnen Kräuter und Gewürze werden in der Produktionshalle täglich gereinigt. Aus den meisten Kräutern entstehen Tees, die auch das SEKEM-Spital verkauft, zum Beispiel: »SEKEM Flu« (gegen Erkältung und Grippe), »SEKEM Cough« (gegen Husten), »SEKEM Mood« (gegen Verstimmung), »SEKEM Diarrhoea« (gegen Durchfall). Sechzig Prozent aller Landwirtschaftsprodukte von SEKEM werden auf dem einheimischen Markt verkauft. Bei den Tees ist SEKEM in Ägypten inzwischen marktführend.

Arbeiter und Angestellte erhalten einen für Ägypten guten Lohn, zudem medizinische Hilfe und täglich ein warmes Mittagessen.

69 Fünfundneunzig Prozent der Staatsfläche Ägyptens sind Wüste – abgesehen von einzelnen Tamarisken, Dornsträuchern und Hartgräsern wächst hier ohne menschliches Zutun praktisch nichts. In Ägypten regnet es nur an zwei bis zehn Tagen pro Jahr. Die

Bauernfamilien bewirtschaften seit Jahrtausenden vor allem das Land im Niltal und im Nildelta. Der Nil ist die Lebensader des Landes, dessen Bevölkerung mit fast zwei Prozent pro Jahr rasant schnell wächst und derzeit gegen achtzig Millionen zählt. In dem schmalen grünen Band rechts und links des Nils wachsen Zuckerrohr, Mais, Reis, Weizen, Baumwolle, Gemüse und Obst. Für die Exportwirtschaft am wichtigsten ist die Baumwolle. Die Ägypter nennen sie das »weisse Gold«. Jede Pflanze, die nicht am Nilufer wächst, muss bewässert werden.

70 Im Krankenhaus betreuen zwanzig Fachärzte 40 000 Patientinnen und Patienten pro Jahr.

71 Ein Beispiel sind Hofmanns Experimente mit Terra preta (portugiesisch für »schwarze Erde«). Dabei handelt es sich um eine sehr fruchtbare und humusreiche Erde, die Indios in Zentralamazonien hergestellt hatten. Holzkohle, fein zerkleinert, wird dabei im richtigen Verhältnis mit organischen Abfällen – Küchen- und Landwirtschaftsabfällen, aber auch tierischen oder menschlichen Exkrementen – gemischt. Nötig ist zudem eine Zuckerquelle, damit die Milchsäuregärung in Gang kommt, so wie wir dies bei der Herstellung von Silage oder Sauerkraut kennen. »Ferner braucht es Pflanzen, denn ein fruchtbarer Boden entsteht nur, wenn Pflanzen und Bodenlebewesen miteinander kommunizieren«, sagt der deutsche Agraringenieur und Terra-preta-Spezialist Haiko Pieplow. Solche Erden finden sich bei alten Kulturen überall auf der Welt. Und jeder kann sie selbst herstellen. »Ein Grundgedanke der menschgemachten Schwarzerde ist, dass regionale Stoffkreisläufe – vor allem der Kohlenstoffkreislauf – wieder geschlossen werden; im Kontext der CO_2-Problematik erhält dies eine ganz neue Brisanz« (Koechlin F. 2010).

72 Doch auch Biolandbau fordert sorgfältige Kontrollen und permanente Verbesserungen: Im Mai 2011 kam es in Deutschland zur schlimmsten Nahrungsmittelkatastrophe seit dem Zweiten Weltkrieg mit fünfzig Toten und Hunderten Schwerkranken. Quelle des EHEC-Erregers waren kontaminierte Biosprossen aus Ägypten. Obwohl SEKEM keine Biosprossen produziert, zeigt dieser Fall: Zum einen ist auch die biologische Landwirtschaft Teil eines globalisierten Handelssystems und dessen Risiken unterworfen. Zum anderen ist der biologische Anbau *allein* noch keine Versicherung gegen unerwünschte Nebenwirkungen. Die Wachsamkeit gegen-

über Krankheitskeimen und Verfallsprozessen darf im biologischen Landbau nicht kleiner sein als in der industrialisierten Landwirtschaft. Auch dort gibt es Verbesserungsbedarf. Die Versorgung von sieben Milliarden Menschen mit gesundheitlich unbedenklichen Lebensmitteln ist mit jeder Produktionsart eine schwierige, aufwendige und äusserst anspruchsvolle Aufgabe.

73 Erneuerbare Energien bei SEKEM: Eingesetzt und erforscht werden Photovoltaik, Windenergie und hybride Solartrockner. Einige Beispiele: Ein Photovoltaiksystem produziert Energie für die Hauptquartiere und soll in den nächsten Jahren erweitert werden. Zwei hybride Solartrockner werden bei der Firma Lotus betrieben, um alle Kräuter zu trocknen. Zwei Scheffler-Reflektoren, die Sonnenlicht in einem Brennpunkt fokussieren und so Temperaturen von fast 600 Grad erzeugen, werden zur Produktion von Wasserdampf für diverse SEKEM-Firmen eingesetzt. Mehrere solare Wassererwärmer sind im Einsatz, zum Beispiel zur Desinfektion medizinischer Instrumente im Ambulatorium, zur Pasteurisierung von Milch, zur Warmwassererzeugung in den Wohnhäusern, im Gästehaus und in den Cafeterias. Auch Windgeneratoren gibt es bereits; SEKEM plant ein grösseres Turbinenset zur Produktion von Windenergie.

74 SEKEM eröffnete 2010 in Kairo den ersten Supermarkt ihrer neuen Kette »Organic & More«.

75 Die Flutung der Felder funktionierte jahrhundertelang folgendermassen: Die Bauern installieren eine Pumpe, ebnen das Gelände so ein, dass es sich nach einer Seite hin neigt, und leiten dann das Nilwasser von der höhergelegenen Seite her ein. Es fliesst abwärts und verteilt sich via Kanäle über das ganze Feld. Auch SEKEM hat am Anfang die ersten Felder geflutet. Heute ist die traditionelle Flutungsmethode in den Wüstengebieten Ägyptens verboten, weil damit viel Wasser verschwendet wird.

76 Das Recycling der Abwässer erfolgt ohne Zusatz von Chemikalien, dafür mit Zugabe von EM (Effektive Mikroorganismen, ein aus Japan stammendes Gemisch verschiedener Mikroorganismen): Das gefilterte Abwasser wird in vier grosse, mit Schilfgras bewachsene Klärbecken geleitet. Das Schilfgras fördert den mikrobiellen Abbau. Wenn das Wasser genügend gereinigt ist, ist es so sauber, dass es für die Bewässerung von Bäumen und Sträuchern verwendet werden kann.

77 *Unterbodenbewässerung*
Ein weiterer Vorteil dieser Technik: Weil nur jene Pflanzen Wasser erhalten, die auch bewässert werden sollen, gibt es kaum noch Probleme mit Unkraut – es bekommt schlichtweg kein Wasser.

78 Huda Kamâl Sûssa vergleicht den Enviroscan mit dem EKG, das die Herzfrequenz und damit den Zustand eines Herzens misst. »Mit diesem Gerät sehen wir, wie viel Wasser im Boden ist und wie es sich verteilt. Wenn eine Gemüsesorte mit nur zehn Zentimeter langen Wurzeln angepflanzt wird, darf das Wasser nicht tiefer als zehn Zentimeter reichen. Alles andere wäre Verschwendung.«

79 *Rückschläge bei Bienen*
SEKEM versucht seit 2007, Populationen von einheimischen Ägyptischen Bienen *(Apis mellifera lamarckii)* zu etablieren und eine erste biologische Imkerei im Land aufzubauen. Diese Bienen sind besonders gut an das extreme Klima Ägyptens angepasst, waren aber beinahe ausgestorben, vor allem wegen des grossflächigen Pestizideinsatzes, der Intensivlandwirtschaft und importierter Königinnen. Der Aufbau gesunder Populationen erweist sich aber als äusserst schwierig. Krankheiten, falsches Management und wohl auch Honigdiebstähle führen immer wieder zu Rückschlägen.

80 SEKEM kämpft beim Baumwollanbau gegen drei grosse Schädlinge: den Baumwollblattraupenfalter und zwei verschiedene Kapselwürmer. Gegen die Schädlinge werden vor allem Duftstoffe eingesetzt. Gegen den Baumwollblattraupenfalter setzt SEKEM auf den Feldern Trichterfallen mit Duftstoffen ein, die die Männchen anlocken. Die anderen beiden Schädlinge werden mittels Sexualduftstoffen verwirrt. »Alle zwei Meter befestigen wir ein Röhrchen mit diesen Duftstoffen an einer Pflanze«, erklärt Angela Hofmann. Weil dann das ganze Feld nach Weibchen riecht, finden die Männchen die Weibchen nicht mehr.
Zudem verwendet SEKEM die Samen von Neembäumen, die eine insektizide Wirkung haben. »Wir mahlen die Samen und weichen sie zwölf Stunden lang ein. Den wässrigen Auszug spritzen wir über die Baumwollfelder«, sagt Angela Hofmann. Auch ein anderes bewährtes Bioinsektizid kommt zur Anwendung: das Bakterium *Bacillus thuringiensis* (Bt), das ein Toxin produziert. Bt ist eines der wichtigsten Insektizide des Biolandbaus. Mit Gentechnik werden heute aber auch Bt-Gene in das Erbgut von Pflanzen ge-

schleust. Diese produzieren dort ihr eigenes Bt-Toxin, von morgens bis abends, jeden Tag im Jahr. Es besteht die Gefahr, dass sich dadurch gegen Bt resistente Schädlinge entwickeln, die dann auch das Bioinsektizid unwirksam machen.

Monokulturen im Kopf

81 Die promovierte Physikerin Vandana Shiva (*Zellgeflüster,* S. 7ff.) hat zusammen mit Verbündeten Patente auf Pflanzen angefochten, zum Teil erfolgreich: Ein Patent auf einen Bestandteil des in Indien heiligen Neembaums und ein Patent auf Basmatireis mussten zurückgezogen werden. In Indien half sie, eine landesweite Bewegung gegen Agrogentechnik und Patente auf Pflanzen, Tiere und Gene ins Leben zu rufen. 2010 musste die Regierung auf die Freisetzung genmanipulierter Auberginen verzichten – der Druck der Bevölkerung war zu gross geworden. Für ihre Arbeit erhielt Vandana Shiva zahlreiche Auszeichnungen, so 1993 den Global 500 Award des Umweltprogramms der Vereinten Nationen (UNEP). Das *Time Magazine* ernannte sie zu einer von fünf »Heroes for the Green Century«.

Die Saatgutinitiative Navdanya, 1987 von Vandana Shiva gegründet, sammelt regionale Saatgutsorten und pflanzt sie auf Versuchsfarmen an. Navdanya unterstützte die Errichtung von bislang vierundfünfzig Gemeinde-Saatgutbanken, in denen insgesamt über 3000 einheimische Reissorten aufbewahrt werden. Allein im Bundesstaat Westbengalen sind im Saatgutregister von Navdanya achtundsiebzig dürreresistente Reissorten aufgelistet, im südindischen Kerala sind es vierzig. Hinzu kommen auch viele salztolerante Reissorten und solche, die Überflutungen gut ertragen, die speziell schädlingsresistent sind oder besonders früh reifen. In den Saatgutbanken werden auch andere Kulturpflanzen gehegt und gepflegt: zwölf Getreide- und Hirsegattungen, sechzehn Hülsenfrüchte- und fünfzig Gemüsegattungen. Alle diese Sorten können nur erhalten bleiben, wenn sie weiterhin angebaut und konsumiert werden. Bauern und Bäuerinnen erhalten von Navdanya Saatgut, bringen eigenes, tauschen Informationen aus, testen neue Sorten, bewerten diese und züchten selbst welche. Siehe u.a. Shiva V. et al. 2011.

82 Der promovierte Insektenforscher Hans Herren (*Zellgeflüster,* S. 25ff.) leitet heute die Millennium Foundation in Arlington County, Virginia. Von 1994 bis 2005 war er Direktor des International Centre

of Insect Physiology and Ecology (ICIPE) in Nairobi. Dort wird geforscht, wie die schlimmsten Plagen Afrikas mit nachhaltigen Methoden bekämpft werden können. Ein Beispiel: Im östlichen und südlichen Afrika kann der Stängelbohrer bis zu achtzig Prozent der Maisernte zerstören. Am ICIPE wurde eine Methode entwickelt, um den Stängelbohrer mit Pflanzenduftstoffen zu bekämpfen: Die Leguminose *Desmodium,* zwischen die Maisreihen gepflanzt, vertreibt mit seinem Duft den Schädling; das Futtergras Napiergras, um das Feld herum angepflanzt, lockt ihn mit seinen Düften heraus. Diese sogenannte Push-pull-Technologie verdoppelte die Maiserträge und die Milchproduktion (dank des Futtergrases) und verbessert gleichzeitig den Boden. Das System hat in Ostafrika bereits über 10 000 Bauernbetriebe erreicht. Bis 2020 sollen eine Million Bäuerinnen und Bauern damit zu guten Maiserträgen kommen, auch dank einer finanziellen Unterstützung der Europäischen Union.
Hans Herren erhielt 1995 den Welternährungspreis für seinen erfolgreichen Einsatz gegen die Schmierlaus, die das in Afrika wichtige Grundnahrungsmittel Maniok bedrohte. Herren und sein Team suchten im Herkunftsland der Schmierlaus – in Paraguay – nach deren natürlichen Feinden. Sie fanden eine Schlupfwespe, die spezifisch nur die Schmierlaus tötet. Nach sorgfältiger Prüfung unter Quarantänebedingungen wurden Schlupfwespen mit Flugzeugen über weite Teile Afrikas – von Senegal bis Angola und Moçambique – abgeworfen. Nach einigen Jahren waren die Schmierläuse dezimiert und das natürliche Gleichgewicht wiederhergestellt. Eine grosse Hungersnot wurde verhindert. Herrens Arbeit hat schätzungsweise zwanzig Millionen Menschen das Leben gerettet. Siehe auch die Biographie von Hans Herren: Cerutti H. 2011.

83 Der Weltagrarbericht ist die umfassendste Bewertung heutiger Landwirtschaftssysteme. Sein Fazit: Hunger und Armut können nur auf lokaler Ebene nachhaltig bekämpft werden. Die von Kleinbauernfamilien in wenig günstigen Anbaulagen erzielbare Ertragssteigerung übertrifft die Möglichkeiten der industriellen Landwirtschaft um ein Vielfaches. Das erfordert eine Umkehr in der Agrarpolitik und -forschung hin zu einer multifunktionalen Landwirtschaft, die den Erhalt und die Erneuerung der natürlichen Ressourcen und der Artenvielfalt in den Mittelpunkt stellt. Dieses Ziel kann nur in enger Zusammenarbeit mit Kleinbäuerinnen und Kleinbauern erreicht werden.

In der Effizienzanalyse der Experten schnitten praktische Massnahmen erheblich besser ab als Hightechforschung und globale Märkte. So sollen Bildungs- und Kreditmöglichkeiten für Frauen systematisch verbessert, lokale Märkte erschlossen, angepasste und bewährte Techniken verbreitet und das traditionelle Wissen in die Forschung mit einbezogen werden.

Im Bericht wird Gentechnik nicht ausgeschlossen, doch wird ihr Beitrag für die drängenden Probleme der Landwirtschaft als gering eingeschätzt. Patente auf genmanipuliertes Saatgut würden die lokale Züchtung behindern und den Austausch und Verkauf von Saatgut erschweren. Zudem könnten auf die Bauern Haftungsklagen wegen unbeabsichtigter Kontaminationen zukommen.

Achtundfünfzig Regierungen unterschrieben den Weltagrarbericht, der von der Weltbank, sechs UNO-Organisationen und acht Staaten initiiert worden war, im April 2008 in Johannesburg.

84 *Züchtung dürreresistenter Pflanzen – zwei Beispiele*

– Das syrische International Center for Agricultural Research in the Dry Areas (ICARDA) züchtet besonders trockenheitsresistente und lokal angepasste neue Gerstensorten direkt auf den Feldern und unter aktiver Mithilfe der Bauernfamilien. Diese partizipatorische Pflanzenzüchtung habe zwei grosse Vorteile, schreibt Salvatore Ceccarelli von ICARDA: »Erstens passt diese Strategie die Kulturpflanzen an die Umgebung an, statt die Umgebung an die Pflanzen anzupassen, und hat deshalb keine schädlichen Auswirkungen auf die Umwelt. Zweitens führt dies dazu, dass Landrassen in der Pflanzenzüchtung wieder wichtig werden: Diese alten Sorten haben oft unter guten Bedingungen nicht so hohe Erträge, sind aber unter Low Input und marginalen Bedingungen kaum zu schlagen.« Das bäuerliche Wissen über die Kulturpflanzen, ihre Umgebung und ihre eigenen Bedürfnisse habe zudem sehr viel zum Erfolg beigetragen. Darüber hinaus habe das Selbstvertrauen und die Experimentierfreudigkeit der Bauernfamilien während dieser Versuche mit den Forschern bedeutend zugenommen. Partizipatorische Gerstenzuchtprojekte werden nun auch in Tunesien, Marokko, Äthiopien, Eritrea, Jordanien und Ägypten durchgeführt (Ceccarelli S. und Grando S. 2007).

– Die Schweizer Agronomin Marianne Bänziger, heute in leitender Funktion am Centro Internacional de Mejoramiento de Maíz y Trigo (CIMMYT) in Mexiko tätig, hatte vorher in Simbabwe Maissorten gezüchtet, die besonders trockentolerant sind und auch auf kargen Böden mit wenig Dünger einen regelmässigen Ertrag ergeben. Bänziger und ihr Team kreuzten Maissorten auf herkömmliche Art – es waren Tausende Pflanzen. Die Abkömmlinge dieser Neuzüchtungen wurden einem rigorosen »Umwelttest« unterzogen: Zuerst wurden sie Trockenheit ausgesetzt; damit prüften sie, ob die Pflanzen dürreresistent sind. Anschliessend wurden die gleichen Samen unter guten Bedingungen getestet – sie erhielten genügend Wasser und Dünger. Sie sollen ja auch einen hohen Ertrag geben, wenn es regnet. Schliesslich wurden sie auf armen Böden, denen zuvor der Stickstoff entzogen wurde, geprüft. Denn viele Bauern können sich keinen Dünger leisten und müssen sehr nährstoffarme Böden kultivieren. Auf diese Weise hatten Bänziger und ihre Gruppe pro Jahr etwa dreissig bis vierzig neue Sorten gezüchtet, die die Trockenheit aushalten und zudem einen hohen Ertrag ergeben. Einige davon testeten sie zusammen mit Kleinbauernfamilien. Ihnen sind noch andere Merkmale wichtig, zum Beispiel, wie sich der Mais lagern lässt, wie er schmeckt oder welche Qualität das Maismehl hat. Viele dieser Maissorten sind heute auf dem Markt.

85 *Konventionelle Züchtung und Gentechnik*

Bei der *konventionellen Züchtung* werden Pflanzen innerhalb der gleichen Art miteinander gekreuzt, um neue Sorten zu gewinnen. Das International Crops Research Institute for the Semi-Arid Tropics (ICRISAT) in Indien zum Beispiel züchtet jedes Jahr neue Kulturpflanzen, die Dürre und hohe Temperaturen ertragen und auf salzhaltigen Böden gut gedeihen. Dabei kombiniert das Institut verschiedene Methoden: Mit konventioneller Züchtung werden jeweils Tausende verschiedene Pflanzen der gleichen Art miteinander gekreuzt, getestet und selektioniert. Moderne Methoden – zum Beispiel der Einsatz von Gensonden, mit denen getestet werden kann, ob die gewünschten Eigenschaften oder Gengruppen in einer jungen Pflanze vorhanden sind – ergänzen die Züchtungsverfahren. Viele ihrer neuen Hirse-, Sorghum- oder Kichererbsensorten sowie andere Kulturpflanzen sind bereits auf dem Markt. Auch die vielen Tausend lokal angepassten Reissorten in den Saatgutbanken von Navdanya sind das Resultat jahrhundertelanger sorgfältiger Züchtungs- und Kreuzungsarbeiten.

Mit *Gentechnik* werden artfremde Gene ins Erbgut einer Kulturpflanze geschleust. Gene werden über alle Artengrenzen, über das

ganze Bakterien-, Pflanzen- und Tierreich hinweg transferiert. Beispiel: Der genmanipulierte Bt-Mais enthält ein Gen des Bakteriums *Bacillus thuringiensis* (Bt). Damit dies gelingt, müssen die pflanzeneigenen Abwehrmechanismen gegen Fremdgene unterlaufen und Zellregulationsmechanismen ausser Kraft gesetzt werden. Doch die Erfolgsquoten der Agrogentechnik sind minim, immer wieder kommt es zu Fehlschlägen. Das Landwirtschaftsministerium der USA bewilligte von 1987 bis 2009 über 18 600 Freisetzungsversuche mit genmanipulierten Pflanzen, die insgesamt über 1100 Eigenschaftsänderungen enthielten. Resultat: Von diesen Eigenschaften werden heute im Wesentlichen nur gerade zwei kommerzialisiert. Diese machen fast hundert Prozent aller Freisetzungen aus – nach über zwanzig Jahren intensivster Forschung! Dabei handelt es sich um Pflanzen mit einer Herbizidtoleranz und einer Insektenresistenz (und Kombinationen von beiden). Diese beiden neu eingeführten Stoffwechselvorgänge sind offenbar vom restlichen Pflanzenstoffwechsel so weit getrennt, dass die Pflanzen ihre Funktionsfähigkeit nicht verlieren. Das ist bei fast allen anderen bisher anvisierten Eigenschaften nicht der Fall, sei dies Dürre- oder Salztoleranz. Die eingeführten Fremdgene verursachten hier unvorhersehbare Turbulenzen.
Dazu kommt, dass transgene Pflanzen patentiert werden können. Die durch Patente gewonnenen ausschliesslichen Monopolrechte führen zu grossen Abhängigkeiten von ein paar wenigen international agierenden Agrokonzernen.

86 Margaret Mellon und Doug Gurian-Sherman von der US-amerikanischen Union of Concerned Scientists schreiben: »Bisher ist noch keine einzige genveränderte Kulturpflanze mit einer Dürretoleranz kommerzialisiert worden. (…) Hingegen haben Pflanzenzüchter mit der konventionellen Methode bereits dürretolerante Sorten von Sorghum, Mais, Reis, Cassava und Perlhirse hergestellt – alle sind sehr wichtig für arme Bauern in Entwicklungsländern. (…) Klassische Züchter haben unter Nutzung von Erbgutinformationen (mit Hilfe des *marker-assisted breeding*) auch Reissorten hergestellt, die Überflutungen tolerieren. Diese Sorten, die heute auf den Philippinen, in Bangladesh und Indien angebaut werden, sollen die Lebensmittelsicherheit von siebzig Millionen der weltweit ärmsten Menschen verbessern. (…) In Uganda haben Forscher erfolgreich eine virenresistente Süsskartoffel gezüchtet, während ein Multimil-

lionen-Dollar-Projekt in Kenia, bei dem eine ähnliche Virusresistenz gentechnisch hätte hergestellt werden sollen, scheiterte. Klassische Züchtung und bessere Bearbeitungsmethoden sind zudem in den USA für alle Ertragssteigerungen bei Soja und fast alle bei Mais verantwortlich – und nicht transgene Pflanzen.« Die klassische Züchtung sei also trotz sehr kleinem Budget viel erfolgreicher als die Züchtung genmanipulierter Sorten. Die öffentliche Hand solle deshalb ihre Unterstützung für die bewährte, kosteneffiziente klassische Züchtung dramatisch erhöhen, statt in die extrem teure und unsichere Gentechnik zu investieren (Mellon M. und Gurian-Sherman D. 2011).

87 Ende 2011 wurde in den USA erstmals ein gentechnisch veränderter Mais mit einer Dürretoleranz zugelassen. Gemäss Mitteilung von Monsanto liefert er in Trockenzeiten und ohne Bewässerung sechs bis zehn Prozent mehr Ertrag. Das Landwirtschaftsministerium der USA widerspricht: In Feldversuchen der Behörden erreichte der genmanipulierte Mais vergleichbare Erträge wie konventionell auf Dürretoleranz hin gezüchtete Sorten, die bereits auf dem Markt sind (www.ucsusa.org/news/press_release/monsanto-drought-corn-1363.html).

88 *Die Patentierung »klimarelevanter« Gene*

Grosse Agrokonzerne wie Monsanto, Bayer, Syngenta, BASF und DuPont haben in den letzten Jahren Hunderte Monopolpatente auf natürlich vorkommende »klimarelevante« Gene gehortet, um sie gentechnisch in Pflanzen einzubauen. Die manipulierten Pflanzen sollen Umweltbelastungen im Zusammenhang mit dem Klimawandel – wie Dürre, Hitze, Kälte, Überflutungen oder versalzten Böden – widerstehen. Gemäss einer Recherche der kanadisch-amerikanischen Organisation ETC Group wurden bis Ende 2009 über 500 »klimarelevante« Patente eingereicht. Dabei seien viele dieser Patentansprüche in ihrem Umfang beispiellos. Oft beansprucht ein einziges Patent viele verschiedene umweltbedingte Stresseigenschaften. Konzerne beschränken sich dabei nicht bloss auf die USA und Europa. Auch Patentämter in Ländern wie Argentinien, Australien, Brasilien, China, Kanada, Mexiko und Südafrika werden mit solchen Patentanträgen überschwemmt.

Ein Patent auf ein Gen oder eine manipulierte Pflanze garantiert dem Patentinhaber exklusive Monopolkontrolle über diese »Erfindung«. Bauernfamilien dürfen aus der Ernte kein Saatgut für die nächste Saison gewinnen, sondern müssen es jedes Jahr neu beim Patentinhaber kaufen. Forscher dürfen nur mit Erlaubnis und gegen Lizenzgebühren mit solchen Genen forschen, Züchtern ist es verboten, patentierte und manipulierte Pflanzen für die Weiterzucht zu verwenden. Die Privatisierung der genetischen Ressourcen durch Patente ist denn auch ein Hauptgrund für die starke Konzentration des Saatgutmarkts in den letzten Jahrzehnten. Heute kontrollieren die zehn grössten Agrokonzerne bereits siebenundfünfzig Prozent der weltweiten Saatgutverkäufe.

89 *Agroökologie*

Heute werden ökologische Anbausysteme – neben dem Bio- und dem biologisch-dynamischen Anbau auch Permakultur, Agroforst und andere – unter dem Begriff »Agroökologie« zusammengefasst.

Olivier De Schutter schreibt: »Agroökologie ist sowohl eine Wissenschaft als auch ein Set verschiedener Praktiken. Da kommen zwei wissenschaftliche Disziplinen zusammen: Agronomie und Ökologie. Als Wissenschaft beinhaltet Agroökologie die Anwendung ökologischer Wissenschaften auf Erforschung, Design und Management nachhaltiger Agroökosysteme. Als Set von Praktiken sucht Agroökologie nach Wegen, um Landwirtschaftssysteme zu verbessern, indem sie natürliche Prozesse nachahmt und damit nützliche biologische Interaktionen und Synergien unter den verschiedenen Komponenten hervorbringt. Die Kernprinzipien der Agroökologie umfassen u.a.: Nährstoffe und Energie werden auf der Farm rezykliert und möglichst wenige externe Inputs eingeführt; Pflanzenkulturen und Tierhaltung werden integriert; Arten und genetische Ressourcen werden diversifiziert, und zwar über die Agroökosysteme hinweg und über Zeit und Raum. Der Schwerpunkt liegt auf Interaktionen und Produktion über das ganze Agroökosystem hinweg statt auf einer einzelnen Art. Agroökosysteme sind sehr wissensintensiv und basieren auf Techniken, die nicht top-down geliefert, sondern auf der Basis des Wissens und Experimentierens von Bauern entwickelt werden (De Schutter O. 2010, S. 6).

90 *Vielfaltskulturen sind ertragreicher*

– Bericht des UN-Sonderberichterstatters für das Recht auf Nahrung, Olivier De Schutter: Agroökologie könnte die Lebensmittelproduktion in vielen Gebieten des Südens innerhalb von zehn

Jahren verdoppeln und gleichzeitig das Klima schonen. In der Subsahara-Zone stiegen die Erträge in vierundvierzig untersuchten Projekten in zwanzig Ländern um über 200 Prozent an, nachdem die Bauern Ökolandbautechniken benutzten – und das schon nach drei bis zehn Jahren. »Das ist viel mehr, als irgendeine Gentechkultur je erbracht hat«, bemerkt Olivier De Schutter (De Schutter O. 2010).

– UNEP-UNCTAD-Studie *Organic Agriculture and Food Security in Africa*: Für die Studie wurden 114 Projekte aus vierundzwanzig afrikanischen Ländern untersucht, die im letzten Jahrzehnt zu Bio- oder Fast-Bio-Landwirtschaft übergingen. Bei allen Projekten stiegen die Erträge markant an; die gesamthafte durchschnittliche Ertragssteigerung betrug 116 Prozent. In den Projekten in Ostafrika stieg der durchschnittliche Ertrag gar um 128 Prozent. Zudem, schreiben die Autoren, habe ein Wechsel zur biologischen Landwirtschaft langfristige Auswirkungen: Er erhöhe in Bauerngemeinschaften die natürlichen, menschlichen, sozialen, finanziellen und physikalischen Ressourcen (UNEP-UNCTAD 2008).

– Altieri M.A. et al. schreiben: »In Mexiko müssen 1,73 Hektar mit Mais-Monokulturen gepflanzt werden, um gleich viele Lebensmittel zu produzieren wie ein Hektar mit einer Mischung aus Mais, Kürbis und Bohnen. Dazu kommt, dass die Mais-Kürbis-Bohnen-Polykultur pro Hektar bis zu vier Tonnen trockenes organisches Material produziert, das in den Boden gepflügt werden kann, verglichen mit zwei Tonnen in einer Mais-Monokultur« (Altieri M.A. et al. 2011).

– Weitere Studien: Godfray H.C.J. et al. 2011; The Worldwatch Institute 2011; De Schutter O. und Cordes K.Y. 2011; Altieri M.A. und Toledo V.M. 2011.

91 *Veränderte Anbaupraxis führt zu Erfolg – zwei Beispiele*

– System of Rice Intensification (SRI): Reis ist die Hauptnahrung für die Hälfte der Weltbevölkerung. Doch konventionelle Anbaumethoden mit viel Dünger und ständig gefluteten Reisfeldern produzieren viele schädliche Klimagase (Methangase), verbrauchen grosse Mengen Wasser und belasten die Umwelt. In dieser prekären Situation ist SRI eine beispiellose Erfolgsgeschichte: Dabei werden die jungen Reispflanzen bereits nach neun Tagen ins überflutete Feld verpflanzt statt wie bisher üblich nach fünfzig Tagen. Die Reispflanzen werden weit auseinander gesetzt – auch das

ein Unterschied zum herkömmlichen, engen Anbau. So hat jede Pflanze mehr Raum und bildet viel mehr und kräftigere Wurzeln aus. Das Reisfeld wird auch weniger oft mit Wasser überflutet. Resultat: Die Erträge sind durchschnittlich fast doppelt so hoch; eine ausgewachsene Reispflanze hat bis zu 150 Halme statt nur fünf.
SRI wurde bisher in sehr verschiedenen Kulturen und Klimaregionen eingeführt, immer mit dem gleichen Resultat: Die Bäuerinnen und Bauern können mehr Reis produzieren, brauchen dazu weniger Wasser, weniger Agrochemie und weniger Saatgut. Vergleichsstudien in acht Entwicklungsländern ergaben: Im Durchschnitt konnten Bauern ihre Erträge um siebenundvierzig Prozent erhöhen, gleichzeitig vierzig Prozent Wasser einsparen, ihre Kosten für Agrochemie (Dünger, Herbizide, Pestizide) um dreiundzwanzig Prozent reduzieren und ihr Einkommen um achtundsechzig Prozent erhöhen. Bereits vierzig Länder profitieren von SRI. Die Regierungen von China, Indien, Indonesien, Kambodscha und Vietnam – wo zwei Drittel der weltweiten Reismenge produziert werden – haben SRI in ihre Landwirtschaftspolitik aufgenommen. Mit Unterstützung der Weltbank haben Bauern im indischen Bundesstaat Tamil Nadu SRI-Methoden auf über 600 000 Hektar angewandt und damit durchschnittlich vierzig Prozent Wasser eingespart (Africare, Oxfam America, WWF-ICRISAT Project 2010).
– In Japan haben Bauern und Bäuerinnen herausgefunden, dass Enten und Fische genauso erfolgreich sind wie Pestizide, um Insekten in Reisfeldern zu kontrollieren – und sie ergeben erst noch zusätzliche proteinreiche Nahrung für die Bauernfamilien. Die Enten fressen Unkräuter, Insekten und andere Schädlinge: Sie reduzieren so die Jätarbeit, und Entenkot liefert Pflanzennährstoffe. Das System wurde in China, Indien und auf den Philippinen eingeführt. Aus Bangladesh berichtet das International Rice Research Institute (IRRI), dass mit diesem System die Reiserträge um zwanzig Prozent und die Einkünfte sogar um achtzig Prozent stiegen (De Schutter O. 2010).

92 Xin-Ping Chen et al. schreiben: »Die chinesischen Getreideerträge sind von 1996 bis 2005 um zehn Prozent gestiegen; der Verbrauch chemischer Düngemittel aber um einundfünfzig Prozent. Diese grosse Zunahme an Inputs ohne entsprechend grosse Zunahme der Erträge hat die ohnehin tiefe Relation von geerntetem Getreide zu Düngemittel in China nochmals verschlechtert. Oft wird doppelt

so viel Stickstoff und Phosphor verwendet, wie durch die Ernte wieder gewonnen wird, und dieses Nährstoffungleichgewicht wiederum verstärkt die Umweltprobleme, wie Eutrophierung, Klimagasemissionen und Bodenversauerung« (Chen X.-P. et al. 2011).

93 Altieri M. A. et al. schreiben: »In Afrika war die Förderung baumbasierter Landwirtschaft eine der erfolgreichsten Diversifikationsstrategien. In Malawi, Tansania, Moçambique, Sambia und Kamerun hat Agroforst von Mais zusammen mit schnellwachsenden und stickstoffproduzierenden Sträuchern (z.B. *Calliandra* und *Tephrosia*) die gesamte Maisproduktion drastisch erhöht: Sie beträgt acht Tonnen pro Hektar verglichen mit fünf Tonnen bei Monokulturen. In Malawi stiegen die Maiserträge um 280 Prozent in einem Gebiet unter Baumbeschirmung *(tree canopy)*, verglichen mit einem Gebiet ausserhalb der Bäume. (...) Bäume liefern natürlichen Gratisdünger durch Blattfall zu Beginn der Regenzeit, wenn die Kulturen gepflanzt werden. (...) Sie beschützen die Kulturen vor trockenen Winden und das Land vor Wind- und Wassererosion« (Altieri M. A. et al. 2011).

94 *Mischkulturen und extreme klimatische Ereignisse*
Mehrere Studien der letzten Jahre belegen, dass Vielfaltskulturen gegen klimatische Katastrophen besser gewappnet sind als Monokulturen:
Nach dem verheerenden Hurrikan Mitch (1998) ergab eine Untersuchung in Nicaragua, Honduras und Guatemala, dass Bauernbetriebe mit Vielfaltskulturen weniger Ernteschäden, weniger Bodenerosion und weniger ökonomische Verluste hatten als ihre Nachbarn mit Monokulturen.
Hurrikan Stan (2005) verursachte im mexikanischen Bundesstaat Chiapas auf Kaffeeplantagen mit hoher Vielfalt wesentlich weniger Schäden als bei einfacheren Kaffeesystemen.
Hurrikan Ike (2008) verursachte in Kuba bei Vielfaltsbetrieben Verluste von rund fünfzig Prozent, während ihre Nachbarn mit Monokulturen Schäden von neunzig bis hundert Prozent erlitten (Altieri M. A. et al. 2011).

95 *Der Khejribaum* (Prosopis cineraria)
Der Khejribaum ist meistens immergrün, er ist frost- und dürreresistent und erträgt extreme Temperaturschwankungen von über vierzig Grad Celsius im Sommer bis weniger als minus zehn Grad Celsius im Winter. Er braucht fast kein Wasser und kommt vor

allem in den Wüstengebieten von Rajasthan vor. Als Leguminose fixiert er Stickstoff im Boden; seine Wurzeln können mehr als dreissig Meter tief in den Boden reichen. Er stabilisiert sandigen Wüstenboden, verbessert ihn, dient als Windbrecher, und alle seine Bestandteile finden Verwendung. In der Ayurveda-Medizin spielt der Khejribaum eine grosse Rolle. Khejriblüten gelten als Vorsorge gegen Fehlgeburten, Khejririnde wird gegen Bronchitis, Asthma und andere Krankheiten verwendet, der Rauch brennender Blätter ist gut bei Augenproblemen.

1730 liessen 363 Bishnoi, angeführt von Amrita Devi, im Dorf Khejarli in Rajasthan ihr Leben, um die als heilig geltenden Khejribäume vor der Abholzung zu bewahren.

96 Buck L. E. und Scherr S. J. schreiben zur Frage, ob ökologische Landwirtschaften gegenüber konventionellen konkurrenzfähig sind: »Weil Agroökologie darauf abzielt, vielen sozialen, ökologischen und ökonomischen Zielen zu genügen, sollte sie idealerweise auf der Basis dieser Leistungskriterien evaluiert werden. Doch es gibt immer noch relativ wenige umfassende Vergleichsstudien, und bis es mehr gibt, wird es schwierig bleiben, die relativen Vorteile dieses Systems voll zu beurteilen. Aber es gibt eine wachsende Anzahl von Studien, die für die Agroökologie signifikante Produktions-, Auskommens- und Umweltvorteile dokumentiert haben. (...) Ernteerträge und Produktionskosten sind im Vergleich zu traditionellen und konventionellen Anbausystemen vor allem dort vorteilhaft, wo die existierenden Erträge klein oder bescheiden sind. Agroökologie kann über viele Jahre gegenüber industriellen, inputintensiveren Systemen wettbewerbsfähig sein und in Jahren mit wenig Regen mehr produzieren« (Buck L. E. und Scherr S. J. 2011, S. 20).

Die Illusion der modernen Landwirtschaft

97 DOK heisst:

Dynamisch: Die biologisch-dynamische Landwirtschaft folgt zusätzlich zu den Anforderungen des Biolandbaus anthroposophischen Grundregeln. Sie verwendet zum Beispiel bestimmte Präparate, die dem Dünger zugesetzt oder als wässrige Lösung aufs Feld gespritzt werden. Biologisch-dynamische Bauern beachten auch die kosmischen Rhythmen des Mondes und der Planeten, um zum Beispiel den Zeitpunkt der Aussaat zu bestimmen. Das Label des biologisch-dynamischen Landbaus heisst »Demeter«.

Organisch: Der Biolandbau hat zum Ziel, möglichst nachhaltig und umweltschonend zu produzieren. Chemische Pestizide und Mineraldünger sind verboten, ebenso der Einsatz von Agrogentechnik. Weiter gelten Vorschriften zur Kreislaufbewirtschaftung, Erhaltung und Vermehrung der Artenvielfalt etc. Das Label für Bioprodukte in der Schweiz ist die »Knospe«.

Konventionell: Der im DOK-Versuch untersuchte konventionelle Landbau wird nach IP-(Integrierte Produktion-)Richtlinien bearbeitet. Die Integrierte Produktion benutzt chemische Pestizide und Mineraldünger, versucht aber, diese zu minimieren.

98 Unter Fruchtfolge versteht man die Abfolge verschiedener Kulturen auf einem Feld. Bei einer viergliedrigen Fruchtfolge zum Beispiel unterteilt ein Betrieb seine Ackerfläche in vier Teile, auf denen er jedes Jahr alle Kulturen anbauen kann. Auf jedem Teil ergibt sich die gleiche Abfolge der Kulturen, aber zeitlich jeweils um ein Jahr verschoben. Zu Beginn des DOK-Versuchs (1978–1984) galt diese Fruchtfolge: Kartoffeln (nach der Ernte Gründüngung mit Roggen), Winterweizen (nach der Ernte Grünroggen als Bodenbedeckung zum Überwintern), Weisskohl, Winterweizen, Gerste, zwei Jahre Gras-Weissklee-Kunstwiese. In der inzwischen fünften Fruchtfolge, die derzeit noch läuft (2006–2012), wird Folgendes angebaut: Mais, Winterweizen (nach der Ernte Grünroggen als Bodenbedeckung zum Überwintern), Sojabohnen (nach der Ernte Grünroggen als Bodenbedeckung zum Überwintern), Kartoffeln, Winterweizen, zwei Jahre Gras-Weissklee-Kunstwiese. Um Direktzahlungen vom Bund zu erhalten, müssen auch IP-Bauern mindestens vier Kulturen nacheinander anbauen. Bei einer Monokultur dagegen wird jedes Jahr das Gleiche (zum Beispiel Mais) angebaut.

99 Problematisch ist auch die Verwendung von Soja für Agrosprit: Für eine Fünfzig-Liter-Tankfüllung eines Agrosprit-Autos müssen 358 Kilogramm Mais verbrannt werden. Mit dieser Menge kann ein Kind ein Jahr lang leben.

Jean Ziegler sagt: »Bis 2010 haben allein die Vereinigten Staaten 140 Milliarden Liter Bioethanol durch das Verbrennen von Nahrungsmitteln hergestellt; die EU will bis 2020 zehn Prozent des Energiebedarfs der 27 EU-Staaten mit pflanzlicher Energie decken. Nahrungsmittel zu verbrennen, um Millionen von Autos am Laufen zu halten, ist ein Verbrechen an der Menschheit« (Südbeck-Baur W. 2012)

100 *Ertragsvergleiche der jetzt angebauten Kulturen*
– Resultate Kartoffel: Der Ernteverlust bei der Biokartoffel beträgt im Durchschnitt aller Jahre rund vierzig Prozent gegenüber der konventionell angebauten Kartoffel, die mit Ridomil Gold von Syngenta gegen Kraut- und Knollenfäule gespritzt wird. Allerdings wurden – wegen der Vergleichbarkeit – auch auf den Bioparzellen konventionelle Kartoffelsorten wie Bintje oder Nicola angebaut und nicht etwa eine gegen die Kraut- und Knollenfäule resistente Biosorte, die es unterdessen auf dem Markt gibt.
– Resultate Wiese: Der Ertrag der biologisch-organisch angebauten Wiese war elf Prozent, jener der biologisch-dynamisch angebauten dreizehn Prozent geringer als der der konventionell angebauten Wiese.
– Resultate Soja: Im DOK-Versuch werden rund 3,2 Tonnen Soja pro Hektar und Jahr geerntet – in allen drei Anbausystemen gleich viel. Die Knöllchenbakterien, welche die Sojawurzeln besiedeln, liefern den Pflanzen Stickstoff aus der Luft. Soja ist ein wichtiger Proteinlieferant und wird vermehrt als Futtermittel angebaut (Kraftfutter). Der steigende Fleischkonsum und die Hochleistungszucht haben die Produktion von Soja weltweit auf rund 230 Millionen Tonnen pro Jahr anwachsen lassen. Die Menge hat sich innerhalb von zwanzig Jahren verdoppelt. In der Schweiz werden pro Jahr derzeit rund 250 000 Tonnen Soja importiert – Tendenz steigend.

101 Forscher der University of Wisconsin-Madison untersuchten während dreizehn Jahren, welche Landwirtschaft im produktiven Boden von Wisconsin am besten abschneidet. »Wir fanden heraus, dass vielfältige Systeme profitabler sind als Monokulturen«, sagt Jean-Paul Chavas. Die Politik der Regierung, die den Monokulturanbau fördere, sei veraltet. Die Regierung solle viel eher die Biolandwirtschaft und den Fruchtfolgenanbau unterstützen (Chavas J.-P. et al. 2009).

102 *Biolandbau und Klimaschutz*
Können biologisch bewirtschaftete Böden mehr Kohlenstoff einlagern (»sequestrieren«) als konventionelle? Andreas Gattinger und sein Team vom FiBL haben bereits veröffentlichte Studien auf diese Frage hin genauer untersucht. »Dabei hat sich gezeigt, dass die Bodenkohlenstoffvorräte unter biologischer Bewirtschaftung mit 37,4 Tonnen pro Hektar signifikant höher sind als unter konventioneller Wirtschaftsweise mit 26,7 Tonnen. Diese Werte gelten für

Bodentiefen bis 25 Zentimeter, die berücksichtigten Arbeiten erschienen zwischen 1988 und 2010 und beziehen sich auf Böden in Europa, Nordamerika und Asien« (FiBL 2011, S. 10). Als Nächstes müssten solche Studien auf Entwicklungsländer ausgedehnt werden.

103 Für den DOK-Versuch erhielt das FiBL vom Bundesamt für Landwirtschaft erst nur Geld, um zu untersuchen, ob der Biolandbau überhaupt funktioniert. »Es war eigentlich die Aufforderung zu einem Tatbeweis«, sagt FiBL-Direktor Urs Niggli. Als sich nach vierzehn Jahren zeigte, dass der Ertrag gut und stabil ist, untersuchte das FiBL auch ökologische und klimatische Faktoren, wie Bodenfruchtbarkeit, Biodiversität, den Verbrauch fossiler Energien oder die Speicherung von CO_2. »Feldforschung, die zehn, zwanzig oder gar dreissig Jahre dauert, ist heute leider aus Kostengründen nicht mehr en vogue«, ärgert sich Niggli. Kleine Topfexperimente in der Klimakammer würden bereits nach zwei Jahren publiziert, doch solche Untersuchungen würden keinerlei Informationen über die langfristigen Auswirkungen auf die Umwelt bringen. Hunderte Wissenschaftlerinnen und Nachwuchsforscher haben bisher im DOK-Versuch mitgewirkt.

104 *Zum FiBL*

Das Forschungsinstitut für biologischen Landbau (FiBL) wurde 1973 gegründet. Seine Kompetenzen liegen in der nachhaltigen Bodenbewirtschaftung, im Pflanzenbau, in der ganzheitlichen Tiergesundheit, der Tierethologie und der standortgerechten Tierzucht, in der Sozioökonomie, der umfassenden Analyse des Biomarktes und der ökologischen Lebensmittelverarbeitung.

Die enge Verbindung von Forschung, Beratung und Praxis ist ein Markenzeichen des FiBL. Das Institut engagiert sich auch auf internationaler Ebene für die Entwicklung der biologischen Landwirtschaft. Zahlreiche Projekte in Osteuropa, Indien, Lateinamerika und Afrika beschäftigen sich mit der Entwicklung von ökologischen Forschungs-, Beratungs- und Zertifizierungsdiensten. So betreibt das FiBL in Zusammenarbeit mit der Welternährungsorganisation (FAO) zum Beispiel die Website der Organic Research Centre Alliance (www.orca-research.org). Dahinter steckt die Idee, die vielfältigen Einzelinitiativen für die Entwicklung des Biolandbaus in den Tropen und Subtropen besser zu koordinieren. Siehe auch FiBL 2011.

105 *Weniger tief pflügen – schont den Boden und ist gut für das Klima*
Das FiBL hat in einem siebenjährigen Langzeitversuch nachgewiesen, dass schonende Bodenbearbeitung und nur ganz oberflächliches Pflügen im Biolandbau möglich sind – und auch rentieren. Im Biolandbau dient der Pflug als wichtiger Unkrautregulator, da keine Herbizide eingesetzt werden dürfen. Doch die tiefe Bodenbearbeitung hat Nachteile: Sie verbraucht viel Energie, verstärkt den Abbau von Humus, schädigt das Bodengefüge, setzt den Regenwürmern und Mykorrhizanetzen zu und fördert die Erosion. FiBL-Forscher haben nun auf unterschiedlichen Böden (von tonig bis lehmig) zeigen können, dass sich eine Kombination von flacher Bodenbearbeitung, natürlicher Düngung und cleverem Bodenmanagement lohnt – für die Umwelt und für die Bauernfamilien. Der Humusgehalt konnte nach sieben Jahren um siebzehn Prozent erhöht und damit klimaschädliches CO_2 im Boden gebunden werden. Die Ertragssicherung war besser. Für Landwirte entstanden zudem keine Mehrkosten. Bei reduzierter Bodenbearbeitung können Unkräuter immer noch problematisch werden, weshalb neue technische Verfahren wie kameragesteuerte Hackgeräte weiterentwickelt werden müssen.

106 Eine ganz andere Landwirtschaft hat Urs Niggli im indischen Sikkim beobachtet: »Dort besitzen viele Bauern einen Hektar Land und eine Kuh. Der Mist der Kuh reicht aus, um Getreide und Gemüse zu düngen. Ein perfektes System. Ein geschlossener Kreislauf. Das ist die ideale ökologische Landwirtschaft und in Bezug auf Klimagase völlig unproblematisch. Natürlich können wir nicht zu diesem Modell ›Ein Hektar, eine Kuh‹ zurückkehren. Doch Ackerbau und Viehzucht gehören auch in einer modernen Landwirtschaft zusammen.« In der Schweiz haben wir eigentlich eine vorbildliche Situation: Viele Bauernhöfe betreiben Ackerbau und Viehwirtschaft. Doch die gemischten Betriebe drohen bei weiterer Globalisierung der Landwirtschaft zu verschwinden. Bei Biohöfen sind die Kreisläufe noch besser geschlossen. Als Stickstofflieferanten dienen hier neben den tierischen Düngern Kompost, Gründünger und der Anbau von Leguminosen. Der DOK-Versuch hat zudem gezeigt, dass der Biolandbau auf synthetischen Stickstoffdünger tatsächlich verzichten kann – ohne grosse Einbussen.

Slow Food, nicht Junkfood

107 Die Universität für Gastronomische Wissenschaften (UNISG) in Pollenzo (Piemont) und Colorno (Emilia-Romagna) ist die erste Hochschule der Welt, die sich ganz der Lebensmittelkultur widmet. Sie hat im Jahr 2004 ihren Lehrbetrieb aufgenommen. Die private Hochschule ist vom italienischen Staat anerkannt und wird vom Verein Slow Food in Zusammenarbeit mit den Regionen Piemont und Emilia-Romagna gefördert. Die Universität wolle »der Gastronomie als komplexer und interdisziplinärer Wissenschaft mit dem Studium einer neuen Ernährungskultur zu akademischer Würde verhelfen«, schreibt sie. Ziel sei, ein neues Berufsbild zu schaffen: den Gastronomen. Er soll nach Abschluss des Studiums in der Lage sein, in den Bereichen Erzeugung, Vertrieb, Promotion und Kommunikation für hochwertige Agrar- und Lebensmittelprodukte zu arbeiten. Die Universität bildet dafür Fachleute für Kommunikation, multimediale Meinungsmacher und Journalisten im Wein- und Gastronomiebereich, Marketingfachleute sowie Manager für Schutzkonsortien, Agrar- und Lebensmittelbetriebe oder Fremdenverkehrsvereine aus. Der Studiengang unterliegt einem Numerus clausus und ist auf sechzig Plätze pro Jahr beschränkt. Aufgenommen werden Studenten aus aller Welt.

108 Siehe Petrini C. 2011.

109 Slow Food Ireland richtete zum Beispiel einen »Grandmothers' Day« ein, der jedes Jahr gefeiert wird und den die Kinder mit ihren Grosseltern in der Küche verbringen. Auf Wettbewerben stellen sie dann das Gericht vor, das sie am liebsten mit ihren Grosseltern kochen.

110 Weitere Beispiele von Marylena Negro: *L'arizon* bezeichnete das Netz und *lanzuron* das Tuch, die früher für den Transport des Laubes aus dem Kastanienwald eingesetzt wurden. Mit dem Laub machten die Bewohner von Murialdo »ein Bett für ihr Vieh im Stall«, erklärt die Sprachwissenschaftlerin. Heute jedoch werden die Blätter im Wald verbrannt, und die beiden Begriffe würden denn auch nicht mehr gebraucht. Auch die Ausdrücke für früher benutzte Geräte gingen verloren: Die Fingerhüte, die vor den Stacheln schützen sollten, hiessen *i diai;* die Holzpinzette, mit der man früher die Kastanien öffnete, hiess *disrizera;* der Tisch, auf dem die Kastanien sortiert wurden, *la gerbura.* Laubnetze, Fingerhüte, Holzpinzetten und Sortiertische verschwanden, mit ihnen auch die Bezeichnungen dafür.

111 *Lebensmittelbündnisse zwischen Bauern und Stadtbewohnern*
In den USA und Grossbritannien heissen diese Netzwerke Community-Supported Agriculture (CSA). Die Bündnisse wurden in den 1980er Jahren vor allem von Akteuren aus dem Umkreis der biologisch-dynamischen Landwirtschaft vorangetrieben. (Städtische) Konsumentinnen treffen mit Bauernfamilien eine Übereinkunft. Es gibt verschiedene Zahlungsmodalitäten: Beim »Abonnement« kauft der Konsument dem Bauern wöchentlich eine Kiste Lebensmittel ab, beim »Ankauf von Produkten« erntet er an den Wochenenden das Gemüse und die Früchte auf dem Feld des Bauern selbst. Oft gibt es auch längerfristige Vereinbarungen. Die Bauernfamilien haben dadurch einen gesicherten Absatz, der Zwischenhandel wird ausgeschaltet, und die Kundinnen und Kunden erhalten frische, gesunde lokale Lebensmittel. Dieses System führt unter anderem auch dazu, dass wieder alte Gemüsesorten und eine grosse Vielfalt an Früchten angebaut und vertrieben werden. In den USA wirtschaften inzwischen über 13 000 Höfe nach dem Prinzip der CSA. In Japan existiert das Teikei-System seit den 1960er Jahren, dem 500 bis 1000 solcher Lebensmittelbündnisse angehören. In Frankreich organisieren die Associations pour le maintien d'une agriculture paysanne (AMAP) über tausend Höfe, in Italien heissen sie Gruppi di Acquisto Solidale (G. A. S.), und in Deutschland wurde 2011 das Netzwerk Solidarische Landwirtschaft gegründet, um die vielen einzelnen Lebensmittelbündnisse zu koordinieren.

112 *Weiteres Beispiel: Urban Gardening*
Was in den Grossstädten des Südens und Nordamerikas eine Strategie gegen Armut und soziale Verwahrlosung ist, boomt seit ein paar Jahren in Europa, wenn auch aus anderen Gründen: das Gärtnern in der Stadt – Urban Gardening oder Urban Agriculture. Immer mehr Städterinnen und Städter bauen einen Teil ihres Gemüses selbst an. Es gibt heute Stadtteilgärten, Schrebergärten, Gemeinschaftsgärten, Permakulturprojekte, Interkulturelle Gärten, Balkongärten etc. Die Gründe für den Gemüseanbau sind vielfältig, wie das Buch *Urban Gardening. Über die Rückkehr der Gärten in die Stadt* aufzeigt. Es gehe nicht nur darum, dass sich Stadtbewohner treffen und zusammen essen und trinken wollen, es gehe auch um die Begegnung mit der Natur, um lokales Essen, Autonomie (Wiederaneignung der Lebensmittelproduktion), Sinn-

lichkeit, Stadtökologie und vieles mehr, schreibt die Soziologin und Herausgeberin des Buches, Christa Müller (Müller C. 2011).

Auch in der Stadt Basel florieren im wahrsten Sinn des Wortes die Gärten: So lockte zum Beispiel das Landhofareal, ein grosses, von der Anwohnerschaft gemeinsam bepflanztes Permakulturprojekt, in kürzester Zeit wieder Igel, Buntspechte und Stieglitze an. Hinter dem Engagement steht der gemeinnützige Verein Urban AgriCulture Netz Basel (www.urbanagriculturebasel.ch). Sein Ziel ist die Erzeugung von Lebensmitteln, Kräutern, Blumen, Nutz- und Medizinalpflanzen durch in der Stadt lebende Menschen. Sein Motto lautet: »Local Food for Local People«. Weitere Initiativen in Basel, die vom Verein gefördert werden, sind: StadtHonig, NUTZDACH, BioBistro, moMo (mobile Module für den Nutzpflanzenanbau) sowie viele weitere Projekte.

Diese städtischen Gemüsebauern nennt man auch Locavores, Nahesser. Sie beeinflussen sogar langsam die Stadtplanung. Die Londoner Architekten Katrin Bohn und André Viljoen haben zum Beispiel ein Konzept der »Produktiven Stadtlandschaft« entworfen. Dabei handelt es sich um vernetzte urbane Areale, in denen für den innerstädtischen Bedarf angebaut wird. Damit würden die städtischen Nahrungsversorgungssysteme ökologischer, sozial nachhaltiger und partizipativer gestaltet, schreiben die beiden in ihrem Essay im Buch *Urban Gardening.* Vernetzte produktive Landschaften stellen sich Bohn und Viljoen dabei vor »wie ein Venedig, in dem die Kanäle Felder sind«.

Ein Beispiel eines städtischen Nahrungsversorgungssystems im Süden beschreiben Altieri M. A. et al.: »Kubas Erfolge sind bemerkenswert: 383 000 städtische Bauern bewirtschaften mehr als 50 000 Hektar Land, das sonst nicht genutzt würde, und produzieren rund vier Millionen Tonnen Gemüse (städtische Spitzenfarmen erreichen einen jährlichen Ertrag von zwanzig Kilogramm essbarem Pflanzenmaterial pro Quadratmeter, ohne Einsatz von synthetischen Chemikalien). Damit können sie vierzig bis sechzig Prozent oder mehr des gesamten Bedarfs an frischem Gemüse von Städten wie Havanna oder Santa Clara abdecken« (Altieri M. A. et al. 2011).

Evolution ist mehr als Gene und Zufall

113 Eva Jablonka sagt: »Die zahmen Füchse wurden alle sehr gut gehalten, sie waren sauber und gesund. Ihre russischen Pfleger taten

alles für sie: Nach 1999 hatten sie überhaupt kein Geld mehr. Sie hatten selbst Hunger und mussten viele ihrer Füchse töten; die übriggebliebenen fütterten sie mit ihrem eigenen Essen. Trotzdem: Es war für uns auch schwer, diese sozialen Tiere in ihren Einzelkäfigen zu sehen. Das war von Anfang an Teil des Experiments. Doch die Füchse sehnten sich sehr nach Kontakten mit Menschen, mit anderen Füchsen. Das war schwer zu ertragen.«

114 Dmitri Beljajew begann in den siebziger Jahren ein ähnliches Experiment mit Ratten. Eine Rattengruppe wurde auf Zahmheit selektioniert, eine andere auf Aggressivität. Der schwedische Forscher Svante Pääbo, der das Projekt 2003 besuchte, beschreibt das so: »Ich konnte die zahmen Ratten mit blossen Händen aus dem Käfig nehmen. Sie krochen unter mein Hemd und schienen den Kontakt wirklich zu geniessen und zu suchen. Die aggressiven Tiere hingegen waren so angriffslustig, dass ich das Gefühl hatte, dass zehn oder zwanzig von ihnen mich wahrscheinlich töten könnten, wenn sie aus den Käfigen gelangten« (Highfield R. 2011).

115 Der Neodarwinismus beruht auf einer extrem genzentrierten Sicht des Lebens, der zufolge es die Gene sind, die uns bestimmen, als wären wir ihre Marionetten. Doch diese Sicht wurde inzwischen mehrfach widerlegt. Ein Beispiel: Das menschliche Genom enthält etwa 25 000 Gene, dasjenige eines Flohs beinahe 31 000 und dasjenige einer Reispflanze gar 37 500. Das zeigt: Die Komplexität des Menschen – wie auch diejenige des Flohs oder der Reispflanze – kann nicht unmittelbar durch die Gene determiniert sein. Weitere Ausführungen dazu: *Zellgeflüster,* S. 141ff.
Heute ist unbestritten, dass es nicht die Gene sind, welche die Lebensprozesse steuern. Sie sind im Grunde genommen nur die Zulieferer biochemischer Substanzen, welche die Zelle in ihrem jeweiligen Entwicklungsstadium oder funktionellen Zustand braucht. Es ist die Zelle, die »bestimmt«, wann welches Gen wo aktiv werden soll. Das ist eine völlige Umkehrung der Hierarchie. Die Gene sind wichtig für die Herstellung von Proteinen, doch eigentlich sind sie Moleküle wie andere auch. Sie werden von der Zelle aktiviert, wenn ihre Produkte benötigt werden.

116 Mutationen sind meistens zufällig – doch nicht immer. Es gibt auch »halbgerichtete« Mutationen. Beispiel dafür sind die *hot spots,* die im Erbgut vieler Lebewesen vorkommen: In diesen Genregionen finden bei Stress besonders viele Mutationen statt, weit mehr, als das

Zufallsprinzip zuliesse. Die Chance, dass einige dieser Mutationen dem Lebewesen einen Vorteil bringen könnten, ist gross. Das beweist noch nicht, dass Mutationen zielgerichtet sind, aber es zeigt, dass sie nicht »blind« sind. Sie werden durch ein internes Informationssystem angeregt und durch epigenetische Signale ausgelöst.

117 *Epigenetische Mechanismen zur Regulierung der Genexpression*
Es sind mehrere Molekülgruppen bekannt, die Gene an- oder abschalten können, so unter anderem:

– Bestimmte Moleküle, sogenannte Methylgruppen, können an die DNA angehängt werden und ein Gen stilllegen. Sobald sie entfernt sind, wird das Gen wieder aktiv.

– Bestimmte Proteine können die Informationsübertragung von Genen hemmen.

– Kleine Botenstoffe der DNA können Gene regulieren, sie an- und abschalten und ihre Aktivitäten kontrollieren.

118 *Beispiele epigenetischer Vererbung: Wie sich Umwelt, Psyche und Nahrung auf die Gene auswirken und wie diese epigenetischen Veränderungen vererbt werden können*

Epigenetik bei Reis: Reis wird resistenter gegen Mehltau
Reispflanzen, bei denen ein deaktiviertes, »schlafendes« Gen künstlich (durch eine Behandlung mit der Chemikalie 5-Azadeoxycytidin) aktiviert wurde, waren anschliessend resistenter gegen Mehltau, verursacht durch das Bakterium *Xanthomonas oryzae.* Diese Resistenz wurde bis in die neunte Generation weitervererbt (Sano H. 2010).

Arabidopsis-*Gene erinnern sich an Stress ihrer Ururgrosseltern*
Barbara Hohn, emeritierte Molekularbiologin am Friedrich-Miescher-Institut für biomedizinische Forschung (FMI) in Basel, konnte nachweisen, dass mit schädlichem UV-Licht bestrahlte Ackerschmalwand-Pflanzen in bestimmten Genregionen extrem viele genetische Veränderungen zeigten. Diese Veränderungen waren noch in der fünften Generation vorhanden, obwohl keine der nachfolgenden Generationen mehr mit UV-Licht behandelt wurde. »Es war, als ob sich die Gene der letzten Generation an den durch UV-Bestrahlung verursachten Stress ihrer Ururgrosseltern erinnerten«, sagt Barbara Hohn. Der Umweltstress hat sich direkt auf die epigenetische Regulierung der Gene ausgewirkt – und diese epigenetischen Veränderungen wurden weitervererbt (siehe *PflanzenPalaver,* S. 67; Molinier J. et al. 2006).

Epigenetische Vererbung bei Ratten: bis in die vierte Generation

Der Humangenetiker Carlos Guerrero-Bosagna von der Washington State University hatte schwangeren Ratten Vinclozolin verabreicht, einen hormonähnlichen Wirkstoff aus Pflanzenschutzmitteln. Die Embryonen entwickelten typische Hormonstörungen. Überraschend war, dass diese Störung bis in die vierte Generation weitervererbt wurde, ohne dass die Nachkommen mit Vinclozolin in Berührung kamen. Guerrero-Bosagna entdeckte epigenetische Veränderungen: Bestimmte Gene wurden ein-, andere ausgeschaltet (Guerrero-Bosagna C. et al. 2010).

Ratten: Mütterliche Pflege hat Einfluss auf die Epigenetik ihrer Jungen

Ein Team um den kanadischen Neurobiologen Michael Meaney konnte zeigen, dass ein Fehlen mütterlicher Pflege zu epigenetischen Veränderungen bei den Jungen führt. Eine Gruppe neugeborener Ratten wurde getrennt von ihren Müttern aufgezogen. Diese Jungen waren während ihres ganzen Lebens viel ängstlicher und weniger stressresistent als eine Vergleichsgruppe, die mit ihren Müttern aufwuchs. Bei den in der Jugend vernachlässigten Ratten wurden gewisse Gene epigenetisch stillgelegt. Diese Gene enthalten die Bauanleitung für den Glucocorticoid-Rezeptor im Gehirn. Die kleinen Ratten produzierten während ihres ganzen Lebens mehr Stresshormone. Ob diese epigenetischen Veränderungen weitervererbt wurden, wurde nicht untersucht (Fish E. W. et al. 2004).

Frühe Gewalterfahrungen oder Traumatisierungen könnten wahrscheinlich auch bei Menschen epigenetische Auswirkungen haben, vermutet Moshe Szyf von der McGill-Universität. Er verglich Gehirngewebe von dreizehn Suizidopfern, die in ihrer Kindheit misshandelt worden waren, mit denen einer Kontrollgruppe von Unfallopfern. Dabei zeigten sich ebenfalls epigenetische Unterschiede (Fish E. W. et al. 2004).

Mäuse: Vorgeburtliche Erfahrungen haben Einfluss auf die Epigenetik

Die genmanipulierten Knock-out-Mäuse, die Larry Feig von der Tufts-Universität in Massachusetts in seinen Versuchen verwendete, hatten eine Gedächtnisstörung. Ihnen fehlte ein für das Gedächtnis wichtiges Gen. Die Forscher stellten die Knock-out-Mäuse in einen Käfig mit Metallgitterboden, den sie kurz unter elektrischen Strom setzten. Normale Mäuse gehen kein zweites Mal in einen solchen Käfig. Die Knock-out-Mäuse hingegen konnten sich nicht an den elektrischen Schlag erinnern und gingen immer wieder in den Käfig. Nächster Schritt: Schwangere Knock-out-Mäuse konnten zwei Wochen lang in einem Käfig mit vielen Spielzeugen und anderen Mäusen herumspielen. Sie lernten, ihren Gedächtnisdefekt zu kompensieren. Danach reagierten sie wie normale Mäuse. Als Nächstes wurden die Jungen, welche die »geheilten« Knock-out-Mäuse gebaren, getestet: Alle hatten den Gendefekt geerbt, doch sie verhielten sich von Anfang an wie normale Mäuse und hatten keine Gedächtnisprobleme. Was ihre Mütter während der Schwangerschaft *gelernt* hatten, wurde auf ihre Jungen *vererbt* (Arai J. A. et al. 2009).

Mäuse: Stressereignis bis in die dritte Generation vererbt

Isabelle Mansuy und ihre Arbeitsgruppe von der Universität Zürich trennten junge Mäuse nach der Geburt wiederholt und zu nicht vorhersehbarem Zeitpunkt von ihren Müttern. Das löste bei den Jungen depressionsähnliche Zustände aus. Die traumatisierten Mäuse litten ihr ganzes Leben unter einem viel zu hohen Stresshormonspiegel und kamen deswegen mit psychisch belastenden Situationen nur schlecht zurecht. Auch deren Nachkommen – bis in die dritte Generation – litten unter diesen Symptomen, obwohl sie normal aufgewachsen waren. Der Stress hatte epigenetische Folgen: Er veränderte die Expression bestimmter Gene im Gehirn und in den Spermien männlicher Mäuse – und diese Veränderungen wurden weitervererbt (Franklin T. B. et al. 2010).

119 Dmitri Beljajew war überzeugter Darwinist und widersetzte sich den antidarwinistischen Lehren Trofim Denissowitsch Lyssenkos. 1948 verlor er deswegen seinen Job als Direktor eines Forschungsinstituts in Moskau. Lyssenko war zu Zeiten Josef Stalins der führende Biologe der Sowjetunion. Als Lamarckist vertrat er die Lehre, dass erworbene Eigenschaften vererbt würden, und negierte die Existenz von Genen, weil sie unsozial seien. Er machte seinen Einfluss geltend, um Dmitri Beljajew und andere Genetiker schweren Repressalien auszusetzen. Aufgrund unzulänglicher Experimente kam Lyssenko zudem zum Schluss, dass Weizen sich in Roggen verwandle, wenn er unter ungünstigen klimatischen Bedingungen ausgesät werde. Tatsächlich hatten sich aber Roggenpflanzen von benachbarten Feldern in seinem Versuchsfeld verbreitet. Lyssenko liess seine Theorie in die Praxis umsetzen, was zu grossen Missernten führte, welche die damaligen Hungersnöte noch verschärften.

120 *Kulturelle und genetische Evolution: zum Beispiel Laktoseintoleranz*
Ob und wann sich kulturell veränderte Lebensgewohnheiten auch in den Genen niederschlagen, ist schwer zu eruieren. Doch es gibt zumindest ein berühmtes Beispiel für eine kulturelle Evolution, die sich nachträglich im Erbgut manifestiert hat: die Laktoseintoleranz bei Menschen. Der Milchzucker Laktose ist ein Zweifachzucker, der im Darm durch das Enzym Laktase aufgespalten, resorbiert und verdaut wird. Fehlt dieses Enzym, kann Laktose nicht verdaut werden, was zu Bauchbeschwerden führt. Bei allen Säugern – auch bei den meisten Menschen – nimmt die Produktion des Enzyms nach dem Säugen ab; sie können als Erwachsene Milch nur noch schlecht verdauen.
Ehemalige Hirtenvölker bildeten hingegen eine Variante des Gens, das die Laktaseproduktion steuert, aus, die aktiv bleibt: Diese Menschen haben auch im Alter keine Schwierigkeiten mit Milchprodukten. Interessant ist, dass diese Genvariante evolutionsgeschichtlich der Domestikation von Milchvieh folgte. In Europa, bei einigen Hirtenvölkern in Afrika, der Mittelmeerregion und dem Nahen Osten können die meisten Menschen ohne Beschwerden Milch trinken. Doch weltweit besitzt die grosse Mehrheit aller Menschen diese Genvariante nicht (Jablonka E. und Lamb M.J. 2005).

121 *Die symbolische Ebene der Evolution*
Eva Jablonka gibt ein weiteres Beispiel: »Die Tatsache, dass wir heute die Bibel lesen können, ist ein Produkt der symbolischen Evolution. Die Bibel wurde vor sehr langer Zeit geschrieben und dann über Generationen hinweg mit all ihren Traditionen weitergereicht. Menschen leben in einer symbolischen Welt. Fast alles, was wir an Wissen weitergeben, ist eingebettet in diesen symbolischen Zustand, der das Denken und die Kommunikation über unsere Welt repräsentiert. Und wir leben mittendrin. Diese Art der Informationsübermittlung ist absolut einmalig und nur bei Menschen zu finden.«

122 Eva Jablonka sagt: »Einige grosse evolutionäre Übergänge – von Einzellern zu mehrzelligen Lebewesen, von Individuen zu zusammenhängenden sozialen Gruppen, von sozialen Gruppen zu kulturellen Gemeinschaften – basierten auf neuen Möglichkeiten, wie Information gespeichert, interpretiert und weitergegeben werden kann.«

Eva Jablonka und Marion J. Lamb schreiben: »Der Kern des Problems besteht darin, dass Gruppen aus verschiedenen Individuen bestehen, Individuen aus verschiedenen Zellen aufgebaut sind, Zellen Chromosomen enthalten und Chromosomen Gene haben. Die Selektion kann auf jeder einzelnen Ebene – oder bei allen zugleich – einsetzen« (Jablonka E. und Lamb M. J. 2005, S. 342).

123 *Gene oder Umwelt?*

Der Primatologe Hans Kummer von der Universität Jena schreibt zur Frage, wie viel einer Eigenschaft von der Natur resp. den Genen produziert werde und wie viel von der Ernährung resp. der Umwelt: Das sei gleich sinnlos wie die Frage, ob das Trommeln, das wir hören, vom Perkussionisten oder vom Instrument stammt. Trommel und Trommler bilden eine untrennbare Einheit. Weder das Trommeln noch eine Eigenschaft eines Lebewesens ist aus separierbaren Elementen zusammengesetzt (Fox Keller E. 2010).

124 Eva Jablonka betont, dass es in der Evolution Veränderungen gibt, die »gerichtet« und »nicht zufällig« sind. Dies ist ein radikaler Bruch mit den bisherigen Evolutionstheorien. Die klassische Theorie geht davon aus, dass die Evolution keinen Plan hat, dass sie »blind« ist. Die Evolutionsbiologin verweist in diesem Zusammenhang auf den Unterschied zwischen der Entwicklung eines einzelnen Lebewesens und der Evolution einer ganzen Art über einen grossen Zeitraum hinweg. So würden alle akzeptieren, dass bei der Entwicklung von der Eizelle bis zum erwachsenen Individuum der Zufall keine grosse Rolle spielt. Die meisten Veränderungen sind gerichtet. Sie werden von epigenetischen Signalen gesteuert. Nur manchmal gibt es zufällige Veränderungen, zum Beispiel bei der Entwicklung des Immunsystems. Bei der Evolution hingegen ist es genau umgekehrt: Man ging bisher davon aus, dass alle Veränderungen zufällig sind. Eva Jablonka ist aber überzeugt, dass es hier ebenfalls Mechanismen gibt, die »halbgerichtet« und nicht zufällig sind: »Das ist doch eigentlich logisch. Die Entwicklung eines einzelnen Lebewesens und die Evolution einer ganzen Art gehören eng zusammen. Von der Entwicklung können wir lernen, wie sich ganze Netzwerke im Laufe des Lebens eines Individuums verändern. Das ist auch bei der Evolution so: Was evoluiert, ist nicht ein einzelnes Gen, sondern ein Entwicklungssystem, das eingebettet ist in ein noch breiteres Netz einer fluktuierenden Umwelt.«

125 Eva Jablonka ist Mitglied der Altenberg 16, einer Gruppe internationaler Evolutionstheoretiker, die sich zum Ziel gesetzt hat, die darwinistische Evolutionstheorie zu erweitern. Sie trafen sich erstmals im Juli 2008 zu einem Symposium, dessen Ergebnisse 2010 in *Evolution. The Extended Synthesis* (Pigliucci M. und Müller G. B. 2010) publiziert wurden. Die Altenberg 16 sind auch als Evo-Devo-Gruppe bekannt (*evolution/development* = Evolution/Entwicklung). Ihr Anliegen ist, die Konzepte der Entwicklungsbiologie in die Evolutionstheorie zu integrieren.

126 Das Buch von Eva Jablonka und Marion J. Lamb wurde auch stark kritisiert. Die Kritiker argumentieren, dass letztlich jede evolutionäre Veränderung auf die genetische Ebene zurückgeführt werden kann. Die vier eingeführten Ebenen mögen zwar Anpassungsprozesse beschleunigen, doch am Ende komme es einzig auf die Gene an. »Sicher, am Ende lässt sich alles auf Chemie und Physik zurückführen«, entgegnet Eva Jablonka. »Die Frage aber, die wir uns immer wieder stellen, ist: Gibt es auf einer bestimmten Ebene Variationen, die vererbt und so zur Basis einer evolutionären Veränderung werden können? Wenn wir diese Frage mit Ja beantworten können, dann reicht uns das. Die Tatsache, dass es für eine genetische Veränderung Gene braucht, bestreiten wir nicht. Natürlich braucht es Gene. Aber genauso wichtig für die Evolution sind Enzyme, Proteine oder Wassermoleküle. Der Punkt ist: Mit den genau gleichen Genen sind viele verschiedene Evolutionsmöglichkeiten vorhanden. Wir sagen nur das. Wir sagen nicht, dass die DNA nicht wichtig ist. Wir sagen nicht, dass Molekularbiologie unnütz ist – ganz im Gegenteil. Dank der Molekularbiologie wurden die zellulären Mechanismen der Epigenetik erst bekannt.«

Im Vergleich zu Gorillas sind wir Sinnesrudimentler

127 Nicht nur Gorillas, sondern auch Menschen senden während eines Gesprächs von Angesicht zu Angesicht Tausende subtile Signale aus, die meisten von ihnen unbewusst. Solche Gesichtsausdrücke, wie leicht gehobene Brauen, geteilte oder geschürzte Lippen, verzogene Mundwinkel, ein Zwinkern, spiegeln Gefühle wider – doch im Unterschied zu Gorillas sind diese nonverbalen Hinweise für den menschlichen Gesprächspartner nur sehr beschränkt entzifferbar.
Eine neue Technologie soll dies nun ändern: Eine Brille mit eingebauter Kamera, die von einem Team um Rosalind Picard vom

Massachusetts Institute of Technology (MIT) entwickelt wurde, ist mit einer Software verbunden, die während eines Gesprächs die unendlich vielen winzigen Ausdrucksweisen im Gesicht des Gesprächspartners – auch wie oft sie vorkommen und wie lange sie andauern – registriert. Die Daten werden dann mit bekannten Ausdrucksweisen einer Datenbank verglichen. Die Resultate können über einen Bildschirm oder über Kopfhörer erfahren werden, etwa ob der Gesprächspartner gerade glücklich, traurig, ängstlich, ärgerlich, gelangweilt oder überrascht ist. Erste Geräte sind bereits auf dem Markt und werden zum Beispiel von Banken und anderen Firmen für die Kundenberatung verwendet (Adee S. 2011).

128 Jörg Hess sagt zu Pepes Tod: »Goma, die älteste unter den Gorillafrauen, blieb als Einzige fast vier Stunden lang direkt neben Pepe im Körperkontakt sitzen und hatte ihre eine Hand auf den Körper des Toten gelegt. Gelegentlich beugte sie sich vor, sah Pepe von ganz nahe forschend ins Gesicht und roch an ihm. Gomas intensive Zuwendung ist verständlich, denn sie war Pepes Gefährtin von der frühesten Kindheit an« (persönliche Mitteilung 2011).

Alle Übersetzungen aus dem Englischen von Florianne Koechlin

Literatur

Abouleish I. (2004). Die Sekem-Vision. Eine Begegnung von Orient und Okzident verändert Ägypten. Stuttgart, Berlin: Mayer.

Adee S. (2011). Your seventh sense. New Scientist, 2819, S. 32–36.

Adhiambo M. (2011). 'Push–pull' pest control to reach more African farmers. SciDev.Net, 26.4.2011. www.scidev.net/en/news/-push-pull-pest-control-to-reach-more-african-farmers-1.html.

Africare, Oxfam America, WWF-ICRISAT Project (2010). More Rice for People, More Water for the Planet. System of Rice Intensification (SRI). Hyderabad: WWF-ICRISAT Project. www.sri-india.net/documents/More_Water_For_The_Planet.pdf.

Aikawa S., Kobayashi M. J., Satake A., Shimizu K. K. und Kudoh H. (2010). Robust control of the seasonal expression of the *Arabidopsis FLC* gene in a fluctuating environment. PNAS, 107, 25, S. 11632–11637.

Altieri M. A., Funes-Monzote F. R. und Petersen P. (2011). Agroecologically efficient agricultural systems for smallholder farmers. Contributions to food sovereignty. Agronomy for Sustainable Development, 32, 1, S. 1–13.

Altieri M. A. und Toledo V. M. (2011). The agroecological revolution in Latin America. Rescuing nature, ensuring food sovereignty and empowering peasants. Journal of Peasant Studies, 38, 3, S. 587–612.

Altner G. (2009). Charles Darwin und die Instabilität der Natur. Ein genialer Forscher zwischen den Fronten. Bad Homburg v.d.H.: VAS.

Altner G., Dederich M., Grüber K. und Hohlfeld R. (Hrsg.) (2011). Grenzen des Erklärens. Plädoyer für verschiedene Zugangswege zum Erkennen. Stuttgart: Hirzel.

Arai J. A., Li S., Hartley D. M. und Feig L. A. (2009). Transgenerational Rescue of a Genetic Defect in Long-Term Potentiation and Memory Formation by Juvenile Enrichment. The Journal of Neuroscience, 29, 5, S. 1496–1502.

Bailly A. und Weisskopf L. (2012). The modulating effect of bacterial volatiles on plant growth. Current knowledge and future challenges. Plant Signaling & Behavior, 7, 1, S. 79–85.

Baluška F., Lev-Yadun S. und Mancuso S. (2010). Swarm intelligence in plant roots. Trends in Ecology and Evolution, 25, 12, S. 682–683.

Baluška F. und Mancuso S. (2009). Deep evolutionary origins of neurobiology. Turning the essence of 'neural' upside-down. Communicative & Integrative Biology, 2, 1, S. 60–65.

Baluška F., Mancuso S., Volkmann D. und Barlow P.vW. (2010). Root apex transition zone: a signalling–response nexus in the root. Trends in Plant Science, 15, 7, S. 402–408.

Biedrzycki M. L. und Bais H. P. (2010a). Kin recognition. Another biological function for root secretions. Plant Signaling & Behavior, 5, 4, S. 401–402.

Biedrzycki M. L. und Bais H. P. (2010b) Kin recognition in plants. A mysterious behaviour unsolved. Journal of Experimental Botany, 61, 15, S. 4123–4128.

Biedrzycki M. L., Jilany T. A., Dudley S. A. und Bais H. P. (2010). Root exudates mediate kin recognition in plants. Communicative & Integrative Biology, 3, 1, S. 28–35.

Blande J. D., Li T. und Holopainen J. K. (2011). Air pollution impedes plant-to-plant communication, but what is the signal? Plant Signaling & Behavior, 6, 7, S. 1016–1018.

Bonfiglioli A. M. (1981). Ngaynaaka. Herding According to the WoDaaBe. Discussion Paper No. 2. Tahoua: Niger Range and Livestock Project.

Brenner A. (2007). Leben. Eine philosophische Untersuchung (Beiträge zur Ethik und Biotechnologie, 3). Bern: Bundesamt für Bauten und Logistik.

Brock D. A., Douglas T.vE., Queller D. C. und Strassmann J. E. (2011). Primitive agriculture in a social amoeba. Nature, 469, S. 393–396.

Broz A. K., Broeckling C. D., De-la-Peña C., Lewis M. R., Greene E., Callaway R. M., Sumner L. W. und Vivanco J. M. (2010). Plant neighbor identity influences plant biochemistry and physiology related to defense. BMC Plant Biology, 10, 115.

Buck L. E. und Scherr S. J. (2011). Moving Ecoagriculture into the Mainstream. In: The Worldwatch Institute. State of the World 2011. Innovations that Nourish the Planet. New York, London: W. W. Norton & Company, S. 15–24.

Ceccarelli S. und Grando S. (2007). Decentralized-participatory plant breeding. An example of demand driven research. Euphytica, 155, 3, S. 349–360.

Ceccarelli S., Grando S., Maatougui M., Michael M., Slash M., Haghparast R., Rahmanian M., Taheri A., Al-Yassin A., Benbelkacem A., Labdi M., Mimoun H. und Nachit M. (2010). Plant breeding and climate changes. The Journal of Agricultural Science, 148, 6, S. 627–637.

Cerutti H. (2011). Wie Hans Rudolf Herren 20 Millionen Menschen rettete. Die ökologische Erfolgsstory eines Schweizers. Zürich: Orell Füssli.

Chavas J.-P., Posner J. L. und Hedtcke J. L. (2009). Organic and Conventional Production Systems in the Wisconsin Integrated Cropping Systems Trial. II. Economic and Risk Analysis 1993–2006. Agronomy Journal, 101, 2, S. 288–295.

Chen X.-P., Cui Z.-L., Vitousek P. M., Cassman K. G., Matson P. A., Bai J.-S., Meng Q.-F., Hou P., Yue S.-C., Römheld V. und Zhang F.-S. (2011). Integrated soil–crop system management for food security. PNAS, 108, 16, S. 6399–6404.

De Schutter O. (2010). Report submitted by the Special Rapporteur on the right to food. United Nations General Assembly. Human Rights Council. Sixteenth session. Agenda item 3. Promotion and protection of all human rights, civil, political, economic, social and cultural rights, including the right to development. A/HRC/16/49.

De Schutter O. und Cordes K. Y. (Hrsg.) (2011). Accounting for Hunger. The Right to Food in the Era of Globalisation (Studies in International Law, 36). Oxford: Hart.

Dürr H.-P. (2009). Warum es ums Ganze geht. Neues Denken für eine Welt im Umbruch. München: Oekom.

Erklärung von Bern (Hrsg.) (2011). Rohstoff. Das gefährlichste Geschäft der Schweiz. Zürich: Salis.

European Commission – Standing Committee on Agricultural Research (SCAR) (2011). Sustainable food consumption and production in a resource-constrained world. Brüssel: Europäische Kommission. http://ec.europa.eu/research/agriculture/scar/pdf/scar_feg_ultimate_version.pdf.

Fish E. W., Shahrokh D., Bagot R., Caldji C., Bredy T., Szyf M. und Meaney M. J. (2004). Epigenetic Programming of Stress Responses through Variations in Maternal Care. Annals of the New York Academy of Sciences, 1036, S. 167–180.

Forschungsinstitut für biologischen Landbau (FiBL) Schweiz, Deutschland und Österreich (2011). Tätigkeitsbericht 2010. Frick, Frankfurt am Main, Wien: FiBL. www.fibl.org/fileadmin/documents/de/taetigkeitsbericht/taetigkeitsbericht10.pdf.

Fox Keller E. (2010). The sound of distant drumming. New Scientist, 2778, S. 28–29.

Franklin T. B., Russig H., Weiss I. C., Gräff J., Linder N., Michalon A., Vizi S. und Mansuy I. M. (2010). Epigenetic Transmission of the Impact of Early Stress Across Generations. Biological Psychiatry, 68, 5, S. 408–415.

Friends of the Earth Europe (FoE) (2010). From forest to fork. How cattle, soy and sugar are destroying Brazil's forests and damaging the climate. Brüssel: FoE.

Fründ J., Dormann C. F. und Tscharntke T. (2011). Linné's floral clock is slow without pollinators – flower closure and plant-pollinator interaction webs. Ecology Letters, 14, 9, S. 896–904.

Fuchs N. (2010). Es geht auch anders. Ein nachhaltiger Lebensstil ist möglich – das Beispiel Landwirtschaft. Dreieich: Medu.

Gissis S. B. und Jablonka E. (Hrsg.) (2011). Transformations of Lamarckism. From Subtle Fluids to Molecular Biology. Cambridge MA, London: MIT Press.

Godfray H. C. J., Pretty J., Thomas S. M., Warham E. J. und Beddington J. R. (2011). Linking Policy on Climate and Food. Science, 331, 6020, S. 1013–1014.

Gruntman M. und Novoplansky A. (2004). Physiologically mediated self/non-self discrimination in roots. PNAS, 101, 11, S. 3863–3867.

Guerrero-Bosagna C., Settles M., Lucker B. und Skinner M. K. (2010). Epigenetic Transgenerational Actions of Vinclozolin on Promoter Regions of the Sperm Epigenome. PLoS ONE, 5, 9, e13100.

Gustavsson J., Cederberg C., Sonesson U., van Otterdijk R. und Meybeck A. (2011). Global food losses and food waste. Extent, causes and prevention. Rom: FAO.

Hall M. (2011). Plants as Persons. A Philosophical Botany (SUNY Series on Religion and the Environment). Albany NY: The State University of New York.

van der Heijden M. G. A., Klironomos J. N., Ursic M., Moutoglis P., Streitwolf-Engel R., Boller T., Wiemken A. und Sanders I. R. (1998). Mycorrhizal fungal diversity determines plant biodiversity, ecosystem variability and productivity. Nature, 396, S. 69–72.

Hess J. (1992). Familie 5. Berggorillas in den Virunga-Wäldern. Basel, Kassel: Reinhardt.

Hess J. (2011). Berggorillas – Eine Hommage. Basel: Echtzeit.

Highfield R. (2011). Beyond Room 101. The hyperaggressive rat. New Scientist, 2825, S. 24–25.

Hilker M. und Meiners T. (2010). How do plants "notice" attack by herbivorous arthropods? Biological Reviews, 85, 2, S. 267–280.

Himanen S. J., Blande J. D. und Holopainen J. K. (2010). Plant-emitted semi-volatiles shape the infochemical environment and herbivore resistance of heterospecific neighbors. Plant Signaling & Behavior, 5, 10, S. 1234–1236.

Idel A. (2010). Die Kuh ist kein Klima-Killer! Wie die Agrarindustrie die Erde verwüstet und was wir dagegen tun können. Marburg: Metropolis.

International Assessment of Agricultural Knowledge, Science and Technology for Development (IAASTD) (2009). Agriculture at a Crossroads. Global Report. Hrsg. von McIntyre B. D., Herren H. R., Wakhungu J. und Watson R. T. Washington DC: Island Press.

The International Commission on the Future of Food and Agriculture (2006). Manifesto on the Future of Food. Firenze: The International Commission on the Future of Food and Agriculture. http://commissionecibo.arsia.toscana.it/UserFiles/File/Commiss%20Intern%20Futuro%20Cibo/cibo_ing.pdf.

Ivemeyer S. (2011). Einfluss der Mensch-Tier-Beziehung auf die Eutergesundheit von Milchkühen. Dissertation Universität Kassel 2010. Kassel: Universitätsbibliothek. http://nbn-resolving.de/urn:nbn:de:hebis:34-2011030336223.

Jablonka E. und Lamb M. J. (2005). Evolution in Four Dimensions. Genetic, Epigenetic, Behavioral, and Symbolic Variation in the History of Life. Cambridge MA, London: MIT Press.

Karban R., Maron J., Felton G. W., Ervin G. und Eichenseer H. (2003). Herbivore damage to sagebrush induces resistance in wild tobacco. Evidence for eavesdropping between plants. Oikos, 100, 2, S. 325–332.

Kato-Noguchi H. (2011). The chemical cross talk between rice and barnyardgrass. Plant Signaling & Behavior, 6, 8, S. 1207–1209.

Koechlin F. (2005). Zellgeflüster. Streifzüge durch wissenschaftliches Neuland. Basel: Lenos.

Koechlin F. (2008). PflanzenPalaver. Belauschte Geheimnisse der botanischen Welt. Basel: Lenos.

Koechlin F. (2010). »Jeder kann Terra Preta herstellen«. Interview mit Haiko Pieplow. Schweizer Bauer, 6.11.2010, S. 20.

Koechlin F., Ammann D., Gelinsky E., Haerlin B., Ott M., Sitter-Liver B., Stumpf W., Wagner E. und Zschunke A. (2008). Pflanzen neu entdecken: Rheinauer Thesen zu Rechten von Pflanzen. www.blauen-institut.ch/tx_blu/tp/tpt/t_rheinau.pdf.

Koechlin F., Ammann D., Gelinsky E., Haerlin B., Kunz P., Messmer M., Ott M., Sitter-Liver B., Ziegler R. und Zschunke A. (2011). Züchtung als »Gespräch«. Rheinauer Thesen zur Ökologischen Pflanzenzüchtung. www.blauen-institut.ch/tx_blu/tp/tpt/t_gespraech.pdf.

Krätli S. (2008). Cattle breeding, complexity and mobility in a structurally unpredictable environment. The WoDaaBe herders of Niger. Nomadic Peoples, 12, 1, S. 11–41.

Kreutzberger S. und Thurn V. (2011). Die Essensvernichter. Warum die Hälfte aller Lebensmittel im Müll landet und wer dafür verantwortlich ist. Köln: Kiepenheuer & Witsch.

zu Löwenstein F. (2011). Food Crash. Wir werden uns ökologisch ernähren oder gar nicht mehr. München: Pattloch.

Mäder P., Edenhofer S., Boller T., Wiemken A. und Niggli U. (2000). Arbuscular mycorrhizae in a long-term field trial comparing low-input (organic, biological) and high-input (conventional) farming systems in a crop rotation. Biology and Fertility of Soils, 31, 2, S. 150–156.

Mäder P., Kaiser F., Adholeya A., Singh R., Uppal H. S., Sharma A. K., Srivastava R., Sahai V., Aragno M., Wiemken A., Johri B. N. und Fried P. M. (2010). Inoculation of root microorganisms for sustainable wheat–rice and wheat–black gram rotations in India. Soil Biology and Biochemistry, 43, 3, S. 609–619.

Maier E. H. (2009). Der Rinderflüsterer. Was ich von meinen Tieren lernte, wie ich für sie kämpfte und warum auch Nutztiere zufrieden leben müssen. Stuttgart: Kosmos.

Maron J. L., Marler M., Klironomos J. N. und Cleveland C. C. (2011). Soil fungal pathogens and the relationship between plant diversity and productivity. Ecology Letters, 14, 1, S. 36–41.

Masi E., Ciszak M., Stefano G., Renna L., Azzarello E., Pandolfi C., Mugnai S., Baluška F., Arecchi F. T. und Mancuso S. (2009). Spatiotemporal dynamics of the electrical network activity in the root apex. PNAS, 106, 10, S. 4048–4053.

Mellon M. und Gurian-Sherman D. (2011). The cost-effective way to feed the world. The Bellingham Herald, 20.6.2011.

Molinier J., Ries G., Zipfel C. und Hohn B. (2006). Transgenerational memory of stress in plants. Nature, 442, S. 1046–1049.

Moradi A. B., Carminati A., Vetterlein D., Vontobel P., Lehmann E., Weller U., Hopmans J. W., Vogel H.-J. und Oswald S. E. (2011). Three-dimensional visualization and quantification of water content in the rhizosphere. New Phytologist, 192, 3, S. 653–663.

Müller C. (Hrsg.) (2011). Urban Gardening. Über die Rückkehr der Gärten in die Stadt. München: Oekom.

Murphy G. P. und Dudley S. A. (2009). Kin recognition. Competition and cooperation in *Impatiens* (Balsaminaceae). American Journal of Botany, 96, 11, S. 1990–1996.

Odparlik S., Kunzmann P. und Knoepffler N. (Hrsg.) (2008). Wie die Würde gedeiht. Pflanzen in der Bioethik (Ta ethika, 6). München: Utz.

Palmer T. M., Stanton M. L., Young T. P., Goheen J. R., Pringle R. M. und Karban R. (2008). Breakdown of an Ant-Plant Mutualism Follows the Loss of Large Herbivores from an African Savanna. Science, 319, 5860, S. 192–195.

Peat F. D. (2008). Trapped in a World View. New Scientist, 2637, S. 42–43.

Petrini C. (2011). Terra Madre. Für ein nachhaltiges Gleichgewicht zwischen Mensch und Mutter Erde. München: Hallwag.

Philip L. J., Simard S. W. und Jones M. D. (2011). Pathways for below-ground carbon transfer between paper birch and Douglas-fir seedlings. Plant Ecology & Diversity, 3, 3, S. 221–233.

Pigliucci M. und Müller G. B. (Hrsg.) (2010). Evolution. The Extended Synthesis. Cambridge MA, London: MIT Press.

Pollan M. (2001). The Botany of Desire. A Plant's Eye View of the World. New York: Random House. Deutsch: (2002). Die Botanik der Begierde. Vier Pflanzen betrachten die Welt. München: Claassen.

Pollan M. (2011). 64 Grundregeln Essen. Essen Sie nichts, was Ihre Grossmutter nicht als Essen erkannt hätte. München: Goldmann.

Pretty J., Toulmin C. und Williams S. (2011). Sustainable intensification in African Agriculture. International Journal of Agricultural Sustainability, 9, 1, S. 5–24.

Raj S., Bräutigam K., Hamanishi E. T., Wilkins O., Thomas B. R., Schroeder W., Mansfield S. D., Plant A. L. und Campbell M. M.

(2011). Clone history shapes *Populus* drought responses. PNAS, 108, 30, S. 12521–12526.

Rasmann S., Köllner T. G., Degenhardt J., Hiltpold I., Toepfer S., Kuhlmann U., Gershenzon J. und Turlings T. C. J. (2005). Recruitment of entomopathogenic nematodes by insect-damaged maize roots. Nature, 434, S. 732–737.

Rippe K. P. (2008). Ethik im ausserhumanen Bereich. Paderborn: Mentis.

Rudrappa T., Bonsall J., Gallagher J. L., Seliskar D. M. und Bais H. P. (2007). Root-secreted Allelochemical in the Noxious Weed *Phragmites Australis* Deploys a Reactive Oxygen Species Response and Microtubule Assembly Disruption to Execute Rhizotoxicity. Journal of Chemical Ecology, 33, 10, S. 1898–1918.

Runyon J. B., Mescher M. C. und De Moraes C. M. (2006). Volatile Chemical Cues Guide Host Location and Host Selection by Parasitic Plants. Science, 313, 5795, S. 1964–1967.

Sano H. (2010). Inheritance of acquired traits in plants. Reinstatement of Lamarck. Plant Signaling & Behavior, 5, 4, S. 346–348.

Schmid A., Spengler Neff A. und Pedotti R. (2010). Graubünden: Basis für standortgerechtere Milchviehzucht gelegt. bioaktuell, 10/10, S. 12–13. www.bioaktuell.ch/fileadmin/documents/ba/tierhaltung/rindvieh/biorindviehzucht/ba-d-2010-10-S-12-13.pdf.

Schnitzer S. A. und Klironomos J. (2011). Soil microbes regulate ecosystem productivity and maintain species diversity. Plant Signaling & Behavior, 6, 8, S. 1240–1243.

Schröder R., Cristescu S. M., Harren F. J. M. und Hilker M. (2007). Reduction of ethylene emission from Scots pine elicited by insect egg secretion. Journal of Experimental Botany, 58, 7, S. 1835–1842.

Shipman P. (2011). The Animal Connection. A New Perspective on What Makes Us Human. New York, London: W. W. Norton & Company.

Shiva V., Barker D. und Lockhart C. (Hrsg.) (2011). The GMO Emperor Has No Clothes. A Global Citizens Report on the State of GMOs – False Promises, Failed Technologies. Neu-Delhi: Navdanya. www.navdanya.org/attachments/Latest_Publications1.pdf.

Song Y. Y., Zeng R. S., Xu J. F., Li J., Shen X. und Yihdego W. G. (2010). Interplant Communication of Tomato Plants through Underground Common Mycorrhizal Networks. PLoS ONE, 5, 10, e13324.

Spengler Neff A. (2011). Neue Ansätze für die ökologische Milchrinderzucht. Untersuchung von neuen Merkmalen für die ökologische Milchrinderzucht, unter Berücksichtigung von wesentlichen Aspekten des Tierverhaltens. Dissertation Universität Kassel. Kassel: Universitätsbibliothek. http://nbn-resolving.de/urn:nbn:de:hebis:34-2011051637469.

Spengler Neff A., Pedotti R. und Schmid A. (2010). Projekt Biozucht Graubünden. Ein Projekt zur Förderung der standort- und betriebsgerechten Bio-Milchviehzucht im Kanton Graubünden. www.agroscope.admin.ch/data/publikationen/1272025345_Spengler_d.pdf.

Stöcklin J. (2007). Die Pflanze. Moderne Konzepte der Biologie (Beiträge zur Ethik und Biotechnologie, 2). Bern: Bundesamt für Bauten und Logistik.

Südbeck-Baur W. (2012). »Ein Kind, das an Hunger stirbt, wird ermordet«. Interview mit Jean Ziegler. TagesWoche, 1, S. 28–31. www.tageswoche.ch/@aoese.

Szechyńska-Hebda M., Kruk J., Górecka M., Karpińska B. und Karpiński S. (2010). Evidence for Light Wavelength-Specific Photoelectrophysiological Signaling and Memory of Excess Light Episodes in *Arabidopsis*. The Plant Cell, 22, 7, S. 2201–2218.

Tero A., Takagi S., Saigusa T., Ito K., Bebber D. P., Fricker M. D., Yumiki K., Kobayashi R. und Nakagaki T. (2010). Rules for Biologically Inspired Adaptive Network Design. Science, 327, 5964, S. 439–442.

Teste F. P., Simard S. W., Durall D. M., Guy R. D., Jones M. D. und Schoonmaker A. L. (2009). Access to mycorrhizal networks and tree roots. Importance for seedling survival and resource transfer. Ecology, 90, 10, S. 2808–2822.

UNEP-UNCTAD Capacity-building Task Force on Trade, Environment and Development (2008). Organic Agriculture and Food Security in Africa. New York, Genf: Vereinte Nationen. www.unctad.org/en/docs/ditcted200715_en.pdf.

Wallace H. (2010). Bioscience for Life? Who decides what research is done in health and agriculture? Buxton: GeneWatch UK. www.genewatch.org/uploads/f03c6d66a9b354535738483c1c3d49e4/Science_for_Life_final.doc.

War A. R., Sharma H. C., Paulraj M. G., War M. Y. und Ignacimuthu S. (2011). Herbivore induced plant volatiles. Their role in plant defense for pest management. Plant Signaling & Behavior, 6, 12, S. 1973–1978.

Witzany G. und Baluška F. (Hrsg.) (2012). Biocommunication of Plants (Signaling and Communication in Plants, 14). Berlin, Heidelberg: Springer.

Wolfe B.E., Rodgers V.L., Stinson K.A. und Pringle A. (2008). The invasive plant *Alliaria petiolata* (garlic mustard) inhibits ectomycorrhizal fungi in its introduced range. Journal of Ecology, 96, 4, S. 777–783.

The Worldwatch Institute (2011). State of the World 2011. Innovations that Nourish the Planet. New York, London: W.W. Norton & Company.

Yi H.-S., Yang J.W., Ghim S.-Y. und Ryu C.-M. (2011). A cry for help from leaf to root. Above ground insect feeding leads to the recruitment of rhizosphere microbes for plant self-protection against subsequent diverse attacks. Plant Signaling & Behavior, 6, 8, S. 1192–1194.

Zukunftsstiftung Landwirtschaft (Hrsg.) (2009). Wege aus der Hungerkrise. Die Erkenntnisse des Weltagrarberichtes und seine Vorschläge für eine Landwirtschaft von morgen. Bochum, Berlin: Zukunftsstiftung Landwirtschaft. www.weltagrarbericht.de/downloads/Wege_aus_der_Hungerkrise_2.4MB.pdf.

Bildnachweis

S. II: Stefano Mancuso; S. V, oben: Johanna Probst; S. V, unten: Saverio Krätli; S. VII, unten: Rosmarie Herczog; S. IX: Walter Schmidt; S. X, oben: Walter Schmidt; S. X, unten: Eva Körbitz; S. XI: FiBL; S. XII: Barbara Thürig; S. XIV: Ljudmila Trut; S. XV: Jörg Hess; S. XVI: Dominik Labhardt
S. 24: Susan Dudley; S. 26: Susan Dudley (z.V.g.); S. 34: Florian Walder; S. 58: Saverio Krätli; S. 78, oben: Christel Grünenwald; S. 83: Lenos Verlag; S. 116: FiBL; S. 119: FiBL; S. 120: Slow Food; S. 137: Zefram; S. 146: Tom Haller; S. 153: Jörg Hess
Alle anderen: Florianne Koechlin

Florianne Koechlin im Lenos Verlag

Zellgeflüster
Streifzüge durch wissenschaftliches Neuland
256 Seiten, mit Fotos, broschiert
ISBN 978 3 85787 742 1
Lenos Pocket 142

»Keine Fachbegriffe oder komplizierten Formulierungen, sondern spannende Einblicke in Themen wie Bewusstsein, Intelligenz und Kommunikation in der Natur.«
Deutschlandradio Kultur

Florianne Koechlin im Lenos Verlag

PflanzenPalaver
Belauschte Geheimnisse der botanischen Welt
XVI, 237 Seiten, mit Fotos, broschiert
ISBN 978 3 85787 726 1
Lenos Pocket 126

»Ein Buch über Denk- und Handlungsalternativen und eine spannende Auseinandersetzung mit der Beziehung Mensch–Pflanze.«
Berliner Zeitung

Aktuelle Sachbücher im Lenos Verlag

Peter Jaeggi
Tschernobyl für immer
Von den Atombombenversuchen im Pazifik bis zum Super-GAU in Fukushima
Ein nukleares Lesebuch
408 Seiten, mit Farbfotos, Abbildungen und einem Leporello, broschiert
ISBN 978 3 85787 419 2

»Wer dieses Buch gelesen hat, weiss, worum es geht. – Ein spannender, äusserst vielfältiger Beitrag zur Atomdebatte.«
Schweizer Radio DRS